The Big Idea

AI 会取代我们吗？

大方
sight

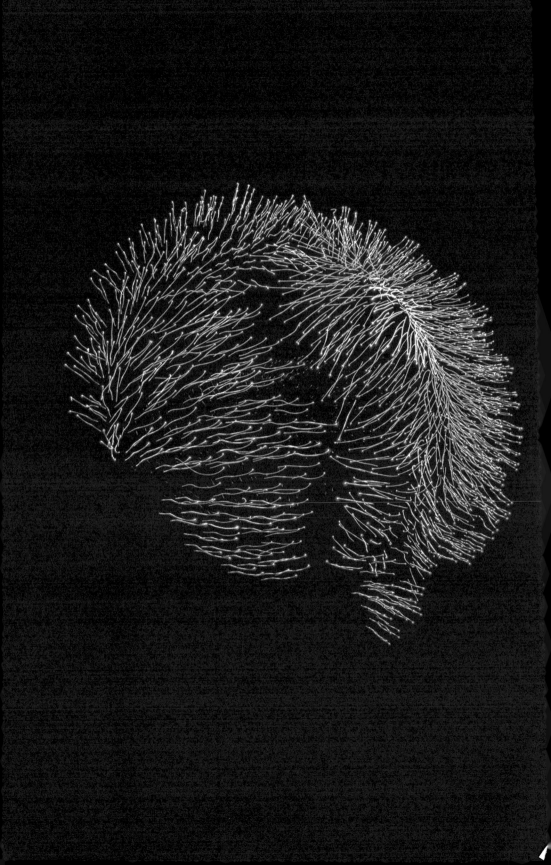

The Big Idea

[英] 雪莉·范 著

阿芦 译　[英] 马修·泰勒 编

AI 会取代
我们吗？

21世纪读本

中信出版集团｜北京

目录
Contents

导言
Introduction

人工智能（AI）：当你听见这个词的时候，最先进入脑海的是什么？是处心积虑地要接管世界、消灭人类的杀人机器人，还是默默推动社会进步的一股多变而友善的力量？

人工智能是和人最为接近的科技。它起源于"创造出模仿人类的机器"的想法。它的发展也是通过复制人类的思维过程，学习和提取人类大脑的特征来实现的。在今天，有不少人担心，人工智能可能会变得比人类更为智能。

不管立场如何，我们都需要承认：人工智能在过去的六十年中已然有了长足的发展。曾几何时，它只是科幻作品中的一种想象，如今，却成为主流应用技术背后的强大驱动力。它为我们提供专属的建议：依靠拥有自主学习功能的软件——网飞（Netfix）和亚马逊（Amazon），得以逐渐精确定位我们的喜好、期望和需求。它还是网络上的一双眼睛：脸书（Facebook）强大的计算机视觉系统可以在上传的照片中辨识您的面孔——即使面部由于阴影而模糊不清或拍摄自奇怪的角度，它仍能精确识别。计算机规划技术正在帮助我们建立更加宏大的电子游戏世界，促进这一产业的爆炸性增长。我们还用自然语言处理技术教会机器用日常语言而不是代码同我们交流——正是借助它，谷歌（Google）能够轻松理解我们输错的搜索关键词，呈现出具有关联性的结果。

骋目四顾，"智能"设备无处不在。阿蕾克萨（Alexa）和谷歌智家（Google Home）镇守家中，静候着你的指示。配备了人工智能的家用车和卡车们已经开始为我们导航。与此同时，自动驾驶汽车产业也跃跃欲试，想彻底改变传统交通和物流的现状。自动交易算法能以人类经纪人望尘莫及的速度进行股票的买卖，这已然改变了金融交易的游戏方式。事实上，人工智能已经深深地浸透在我们的生活之中，以至于有些自动化系统通常并不被人们视作人工智能。圈内有这么一个玩笑：一旦有机器实现了一件过去只能由人类完成的任务，此任务便不再被视为"智能"。正如美国人工智能研究者帕特里克·温斯顿（Patrick Winston）所言："随着人工智能变得不再那么博人眼球，它已变得愈加重要。"美国计算机科学家拉里·特斯勒更是言简意赅地说："人工智能即是一切未竟之事。"

A 微软的伊路米房间（IllumiRoom）使用肯内特（Kinect）传感器和一台投影仪将电视上的虚拟场景与起居室的现实世界相结合。这项技术是对增强现实的一个令人惊艳的构思。

B 为了安全地在拥挤的道路上行驶，自动驾驶汽车通过各种传感器收集数据。巧妙设计的计算机视觉算法将对这些数据进行处理，从而对场景中的每个组成部分及其在路上的位置进行分类。

阿蕾克萨（Alexa）

亚马逊的虚拟助手，采用女声同用户展开会话。阿蕾克萨已被内置于多种设备中，用以帮助用户播放音乐或控制一些智能小家电，比如调暗灯光或者调节室温。

然而在这一数字乌托邦的背后却藏着一个漆黑的真相：正如其他技术一样，人工智能也有被滥用的可能。

一个令人不寒而栗的例子是，人工智能充当了一些人操纵 2016 年美国总统大选的帮凶；内置了人工智能的技术被用来精确定位个体选民并控制他们的选票。基于从超过 8700 万脸书用户那里获得的私人数据，数据科学公司剑桥分析（Cambridge Analytica）发起了一项规模浩大的活动，其目的是找到可能被说服的选民，并用人工智能工具来预判能对他们起到鼓动作用的信息类型。与此类似，在 2017 年的英国大选前夕，大量的机器人程序被密集地布置在各大社交平台上，它们散布错误信息，破坏了正常的民主程序。同样的戏码也在法国和其他国家、在每一层级的政府选举中上演着。

A

剑桥分析（Cambridge Analytica） 一家利用数据的收集与分析来为政治活动提供助力的英国政治咨询公司。其客户包括 2016 年美国总统候选人唐纳德·特朗普和为英国脱欧公投而组织起来的团体"脱离欧盟"（Leave.EU）。该公司在 2018 年 5 月 1 日申请破产并终止了业务。

机器人程序（bots） 运行自动化任务的计算机程序，这些任务通常结构简单并具有可重复性。机器人程序也能在社交媒体上以简单会话的方式同其他网络用户进行互动。

虚假新闻（fabricated news） 俗称"假新闻"（fake news）。这是一种在社交媒体或者传统媒体上散布伪造信息、阴谋论或失实报道的宣传手段。假新闻往往耸人听闻，为政治利益服务。

百度（Baidu） 在中国占据主导地位的互联网搜索公司。百度所提供的产品和服务内容与谷歌相当。

杜普雷克斯（Duplex） 谷歌数字助手的一部分。杜普雷克斯可以理解复杂的句子和快速的语音，并用自然的人声而不是机器人的声音交谈。

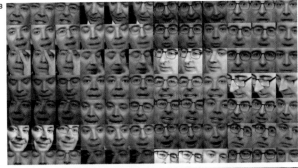

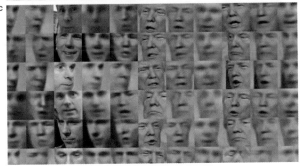

A 2018 年，马克·扎克伯格在剑桥分析的丑闻事件中出庭作证。这次争议使得社交媒体行业在保护用户隐私方面的责任受到关注。

B/C 只要提供足够数量的相片，深赝视讯就能学习并重建出任何一张特定的人脸，再将其以一种逼真的方式"放到"另一个身体上。然而，这一算法也对恶意滥用敞开了大门：它被用来进行不当政治宣传、传播阴谋论、混淆真相和现实。比如特朗普的脸也被挪到了一些假视频中。

人们在当下针对虚假新闻、隐私和安全的种种担忧绝不会随风而逝：随着人工智能系统日新月异的发展，如果我们听之任之、不加审查和规制，滥用问题只会愈演愈烈。在 2018 年年初，中国的人工智能巨头百度发布了一款克隆语音的人工智能产品，这项技术可以在对人声进行短短一分钟的采样之后就模仿任意对象的声音；本质上，它可以让任何话语通过任意人声讲出来。深赝（Deepfakes）所使用的的开源技术可以十分逼真地将一个人的脸换在另一个身体上，但由于被一些别有用心的人拿来制作换上了女星脸的伪造色情作品而被大范围取缔。在 2018 年年中发布的谷歌杜普雷克斯（Duplex）系统能运用支吾和停顿来完善其进行电话会话时的语气，同真人助手瘆人地相似。这些例子仅仅只是冰山一角。试想，如果这类技术被秘密开发并悄无声息地布置起来，对人工智能的滥用即使真的有机会大白于天下，很可能也要等到事后数年才得以实现。

对于上文的这种论调，反对者可以说，虽然异常艰难，但这些已知的危险绝不是不可消弭的。不论是通过政府监管，还是要求人工智能专家在一个开放、透明环境中进行自我约束，意识到问题存在都是迈向解决的第一步。

> 更令人担忧的恰恰是那些我们无法确切预见到的问题：与这个人工的智能的发展本身相关的问题。并且，这种智能其实已然在特定领域中超越了人类能力的极限。

或许您对于这一情况已经有所耳闻。在 2011 年，IBM 公司的"华生"（Watson）超级计算机在电视节目"危险边缘！"上战胜了两位自这档长寿节目开播以来最优秀的选手肯·詹宁斯和布拉德·鲁特，震惊业界。最近，由深度心智（DeepMind）开发的阿尔法围棋（AlphaGo）成了第一个在古老的桌游——围棋上战胜人类世界冠军的计算机程序，而围棋作为一种异常复杂的棋种，长久以来

都被认为是无法用暴力穷举法（Brute force）来破解的。该公司通过展示领悟了崭新对弈策略的自学系统，让人类棋手们啧啧称奇。

人工智能的应用并不限于小小的游戏。如今，在癌症的诊断上，人工智能通常比放射科医师做得更好，而在各种心脏疾病、肺炎和越来越多的其他疾病的辨别上，它也胜过医师们一筹。在运输行业，虽然发生过几次受人关注的车祸和伤亡事件，但其实自动驾驶汽车在安全性上表现非常良好。这些成功已经让一些人发出了这样的疑问：如果人工智能可以胜任司机、医生和越来越多的其他蓝白领岗位，那么人类的未来会变成什么样呢？我们又是否正在见证一个由人工智能统治的世界的萌芽——在这样一个世界中，人类将不再是不可或缺的存在？

"华生"（Watson）是一台在多个应用领域中使用人工智能的超级计算机，包括但不限于医疗、道路援助和教育领域。

深度心智（DeepMind）当世在人工智能研究及其应用领域的领跑者。在 2016 年，该公司研发了强大的人工智能——阿尔法围棋，后者在围棋项目上战胜了当时的世界冠军李世石。

暴力穷举法（brute force） 一种一般性的问题解决技术。为了得到最终结果，这种策略会系统性地枚举关于一个问题的可能解决方式，并且对每个候选的解决方式进行检验。

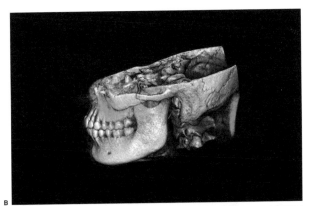

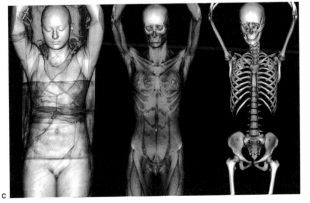

A 阿尔法围棋战胜曾经 18 次夺得世界冠军的李世石，向人们展示了深度学习技术的强大。该人工智能通过分析数千盘棋局，建立了一种对能赢棋的落子位置的"直觉"。

B 使用计算机断层扫描（CT）得到的图像进行虚拟重构的一个下颌骨。自动渲染 3D医疗图像的方法提供了宝贵的"数据可视化"信息，为临床医生诊断和监控疾病提供帮助。

C 由 OsiriX 生成的女性身体CT 扫描图。该医疗成像软件是多个能在多层成像深度上生成彩色人体三维重建的软件之一。外科医生可以通过这些动画来浏览获得的数据。

"技术奇点"（technological singularity）这一理念已经引发了很多严肃的讨论。除了好莱坞那些"杀人机器人"的传奇，不少在今天赫赫有名的理论家也都给出过警告：不要让人工智能超越人类并最终威胁到人类。美籍连续创业家、特斯拉（Tesla）和空间X（SpaceX）公司的创始人埃隆·马斯克（1971— ）对此就有一些著名的言论，他将人工智能称为"人类的最大威胁"，并将发展人工智能生动地比喻为"召唤恶魔"。已故的英国物理学家斯蒂芬·霍金（1942—2018）也告诫人们，人工智能的发明可能是"我们文明史上最糟糕的事件"；而英国发明家克莱夫·辛克莱（Clive Sinclair，1940— ）相信，能在智力上匹敌或超越人类的机器将会使人类陷入万劫不复之地。

也有其他一些专家不同意这种看法。脸书的马克·扎克伯格（1984— ）就属于对立阵营。他主张，人类可以通过做出巧妙的设计选择来强化自身的能力，从而保持对人工智能的控制。在 2015 年一份评估人工智能的社会影响的报告中，斯坦福大学的研究小组"百年人工智能研究"表示，并没有迹象表明人工智能对人类构成任何迫在眉睫的威胁。他们认为，人工智能发展到现在，每种人工智能应用实际上都是针对一项特定的任务定制出来的。主流的人工智能研究人员甚至从

A   这是具有情感表达的人形机器人索菲亚于 2018 年香港 RISE 技术大会上现身的场景。索菲亚使用了计算机视觉技术来模仿人类的表情、手势和行为。

B/C 在起飞前，飞行员可以将飞行路线的数据输入自动驾驶系统。当飞机在地面上时，自动驾驶系统并不会进行操纵行为；但在通常情况下，一旦商用飞机进入空域，它就开始工作了。波音公司的概念自驾飞机是自动航空的一个例子，该技术的目标是制造出能在没有人为输入的情况下自主驾驶的喷气式飞机。

A

B

C

来没有尝试过，去创造一种能够进行人类所擅长的灵活的现场学习的机器智能。该小组认为，即使我们能最终抵达技术奇点，那也是一千年之后的事儿了。而即便人工智能可达到甚至超越人类智能，人类也依然可能进入一个人类和人工智能合作发展的新时代。

但是，人工智能会取代我们吗？为了回答这个问题，我们首先需要理解什么是人工智能，这一领域是如何形成的，以及它是怎样改变我们的生活和社会的。我们还需要理解人工智能系统在当前存在的诸多限制和问题。只有这样，我们才能展望未来并思考：

未来到底是
"人类与人工智能的对决"，
还是"人类与人工智能合作"？

1. 人工智能的发展
The Development of AI

A

1956 年夏天，十位对机器智能感兴趣的科学家齐聚在新罕布什尔州达特茅斯学院（Dartmouth College），进行了一场为期六周的研讨会。这次会议由美国的数学教授约翰·麦卡锡（John McCarthy, 1927—2011）组织，其主要目的是探究如何用机器去模拟人类智能的诸多能力，如感知、推理、决策和预测未来等。麦卡锡的核心假设是，人类的思想和逻辑是可以用数学进行描述的，因此，无形的记忆、观念和逻辑思维都可以通过"形式化"的方式转化为算法，正如重力的自然法可以用简洁的方程式表征出来一样。

该组织的成员都怀揣着巨大的梦想，而点燃他们梦想的，则是一股更大的乐观主义情绪。我们可以从写给洛克菲勒基金会（正是该基金会为研讨会提供资金）的提案中看出这一点："本研究的展开基于如下假设，即学习的每一个面向，抑或智能的任何其他特征，在原则上都可以被足够精确地描述出来，使得我们能够制造一台机器对它进行模拟。"现如今，达特茅斯研讨会被广泛认为标志着人工智能的诞生。它为人工智能研究者们提供了一个一般性的工作框架，并建立了一个专门的研究共同体。该团队的许多成员（包括但不限于马文·明斯基、克劳德·香农和纳撒尼尔·罗切斯特）引领了人工智能研究的几个重要方向，影响持续至今。

> 知识可以被逻辑所表征，这一思想可以回溯到公元前四世纪。当时，古典哲学家亚里士多德发明了一种被称为"三段论"逻辑的逻辑演绎形式。三段论这种使用一组前提来获得结论（通常是新的知识）的过程，是一个被高度定义的、逐步推导的过程，在这一意义上，它和解一个数学方程的过程是类似的。

算法（algorithm）
在计算机科学中，算法是一组明确的指令或规则，这些指令和规则被用来定义一个过程，从而指导计算和其他"问题解决"性的操作。

"三段论"逻辑（syllogistic logic）一种推理的形式系统；它基于一组预设的前提，采用逻辑演绎的方式来得出结论。这些前提既可为真，也可为假。

A ENIAC 诞生于 1946 年，生产目的是为美军服务，它是最早的通用电子计算机之一。翻转它的开关，就能输入用于计算的数字表。

B 1966 年，约翰·麦卡锡用克托克－麦卡锡（Kotok-McCarthy）程序同俄罗斯的 ITEP 程序展开了四场电脑国际象棋比赛。这一赛事持续了九个月，并最终由 ITEP 程序取得胜利。

三段论逻辑成为了计算机科学和人工智能领域的一个基本理念。

在之后的几千年里，我们见证了人们对建造自动机器的零星热情，五花八门的事物被制作出来。它们包括印刷设备，可以活动的小玩意儿，以及最早的计时器——时钟。在 16 世纪，钟表制造者们拓展了他们手艺的用途，用机械齿轮制造出了看似有生命的机械动物。

然而，对计算机科学和人工智能基本概念的探究却一直都处在停滞不前的状态，直到 17 世纪，当哲学家托马斯·霍布斯（1588—1679）和勒内·笛卡尔（René Descartes，1596—1650）开始探索"动物的身体不过是复杂的机器"这一想法时，情况才有所好转。在《利维坦》（1651）中，霍布斯作出了他著名的论断：正如机器是通过组合不同的模块来获得新功能那样，思考也是以一种机械的、组合的方式进行的。大约在同一时期，德国博学家戈特弗里德·莱布尼茨（1646—1716）作出推测：人类理性可以还原为纯粹的机械计算。作为二进制的积极倡导者，莱布尼茨在预测 0 和 1 非常适合应用于思维机器这一点上，展现了他的先见之明。对于表征只需要两个状态（如"开"和"关"）的系统而言，二进制数是其理想的选择。因此，通过将"开"等同于"真"，将"关"等同于"假"，二进制数就能自然地表征逻辑运算。换言之，二进制是使用物理符号表征逻辑的自然解决方案。

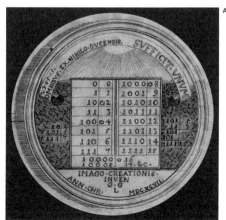

18 世纪见证了大量新理念的井喷，它们承前启后，为计算机科学和有思维能力的机器的发明继续奠定理论基础。一个突出的例子是英国数学家托马斯·贝叶斯（1702—1761）的工作，他提出了一种推测事件发生概率的全新方法。在今天，贝叶斯定理成了机器学习技术的强大工具。与其他学习主体类似，它也会通过过去的经验和新的证据预测未来事件的成败，而这正是学习的一个本质性特征。

《利维坦》（Leviathan）
一本影响深远的政治学著作。《利维坦：或教会国家和市民国家的实质、形式、权力》（Leviathan: or, The Matter, Forme and Power of a Common-Wealth Ecclesiasticall and Civill），简称《利维坦》，由托马斯·霍布斯所著。在此书最开始的部分作者对人的本质进行了考察，提出人类思维可以在物质层面得到解释，而不需要诉诸非物质的灵魂。

二进制数（binary numbers）在基数为 2 的数字系统内的数字，系统只使用两个符号：0 和 1。二进制数最常用于计算机科学和数字电子技术。

贝叶斯定理（Bayes' theorem）一种描述事件概率的数学方法。它基于可能导致事件发生的先验条件进行推理。

A 查尔斯·巴贝奇的分析机设计的基础是一组竖向堆叠的齿轮柱，它们能够执行算术中的四种主要运算。这台概念机器配备了打卡机，用来存储计算结果并接受基于穿孔卡编写出来的程式。不幸的是，巴贝奇未能亲眼看到他这款 1849 年的设计被制造出来；在 1937 年被重新发现之前，这一杰作都一直静静地躺在作者未发表的笔记本中。

B 基于巴贝奇分析机的原版图纸，差分引擎 2 号在它被设计出来的第 153 年后建成。这台还原出来的机器耗时 10 年，终于在 2002 年完工，由 8000 个手工制作的机械零件组成，重约 5 吨，宽约 3.3 米。

在贝叶斯之后的一个世纪，另一位英国数学家乔治·布尔（1815—1864）通过为推理增加了一种数学基础的方式，进一步发展了亚里士多德的演绎推理思想。和莱布尼茨一样，布尔认为人类思维是由一些法则所支配的，而这些法则是可以用数学来描述的。在他的论文《思维的法则》（1854）中，布尔证明，求解数值方程的过程需要推理，而推理的逻辑可以用代数来表征。作为现代数字计算机逻辑的基础——布尔逻辑的发明者，布尔是计算机科学的主要奠基者之一。

19 世纪也见证了最早一批可编程机器的诞生，这其中就包括由约瑟夫－玛丽·雅卡尔（Joseph-Marie Jacquard，1752—1834）于 1804 年开发的雅卡尔织布机。在这之后，查尔斯·巴贝奇（Charles Babbage，1791—1871）和阿达·洛芙莱斯

（Ada Lovelace，1815—1852）提出了可编程计算机器的概念，并将之命名为"分析机"。该机器在理论上可以执行任何算术运算。几年后，洛芙莱斯女士发表了一组可用在分析机上的指令，使得它能够自动计算伯努利数。这一系列的指令如今被称为算法，而计算机程序正是由算法所构成的。分析机是人类向现代计算机迈出的关键一步。

但是，要论在早期机器智能领域影响最大的思想家是谁，或许还是要数英国数学家艾伦·图灵（1912—1954）。在其论著《论可计算数及其在判定问题上的应用》（1936）中，图灵介绍了一种假想中的简单装置，名叫自动机，就是我们后来所说的图灵机。他同美国数学家阿隆佐·邱奇（1903—1995）合作提出了邱奇–图灵论题，证明图灵机在理论上可以计算任何用像数字0和1一样简单的符号来计算的东西。如果思维能被还原为数学的演绎，那么也许机器就能具有同人类一样的思维能力。

布尔逻辑（boolean logic）
使用符号来表征"真"与"假"的一个数学分支。布尔逻辑使用"与""或"和"非"来进行逻辑演绎，而非"加""减"和其他代数运算。

伯努利数（Bernoulli numbers） 一个符合某种特殊数学特征的数列。伯努利数能用一个公式来计算，其前五个数分别为 1，-1/2，1/6，0 和 -1/30。

图灵机（Turing Machine） 一台假设性的通用计算机器，只要该问题能够用算法表达出来，图灵机就能够执行任何可能被设想到的数学运算。

图灵机的发明使得
具有思维能力的机器成为可能，
而后者成为了现代计算机的
一个核心理论概念。

在 20 世纪 40 年代后期，当图灵还在为伦敦的国立物理学研究所工作时，他就发表了最早的对于程式储存计算机（stored-program computer）的详细描述。不过，他对机器智能最为直接的贡献还是要数一篇题为《计算机器与智能》（1950）的论文。在这篇论文中，图灵思考了"机器能否思考"这一问题，并指出，在尝试寻求答案之前，这个问题本身就需要以清楚明白的方式加以定义。更具体地说，图灵主张我们需要对"思维"和"智能"这两个概念给出详细的评价标准。这一超前的想法至今在人工智能领域中都是一个受到热烈讨论的话题。

A

A 巨人计算机制造于第二次世界大战期间，被用于破解德国高级司令部使用的洛伦兹密码。它通常被认为是第一台专用可编程数字电子计算机，它依靠开关板和 1700 多个电子管来进行计算。

B 飞行者 ACE 计算机生产于 1950 年前后，是一台早期的程式存储型通用计算机。它是基于艾伦·图灵对于大型计算机的原始设计制成的。

B

图灵自己用一个名为"模仿游戏"或图灵测试的思想实验解决智能的定义问题。根据他对这一测试的描述，如果一个人类审查员无法通过同被测双方分别谈话的方式将一台机器和一个真人区别开来，那么这台机器就可以被认定为拥有智能。这一实验回避了更多关于思维和人类心智之本质的哲学问题，而将关注点集中在最终的结果——可观察到的行为上面。

归根到底，图灵的主要贡献是对于模拟人类智能的计算方法的探索，以及通过使用算法来模仿人类心智所获得的关于后者的洞见。语言只是这类实验的一个潜在媒介罢了。

图灵测试是对人工智能领域一项影响深远、引人深思的贡献。至今，尚无任何程序能够以一种令人信服的方式通过这一测试。

程式储存计算机（stored-program computer）
一种能够在存储单元中储存程序指令的计算机。所有的现代计算机都是程式储存计算机。

图灵 1950 年的论文中的其他一些想法在今天也有着同等的重要性。比如，他相信，比起直接模拟一个充分发达的成人心智，模拟孩童的心智并对其进行教育可能是一条更为简单的路径。他也预测了 9 个可能出现的对于人工智能的反对意见，这些反对意见的范围，上至宗教问题，下及思维机器和机器意识可能带来的负面效应。这些先见之明是非凡的：他所给出的这些反对意见包括了至今被提出的所有针对人工智能发展的主要反面观点。

A
B
C

图灵和其他先驱者们的奇思妙想在 20 世纪 50 年代前期汇集到一起，促成了第一台电子计算机和最早的具有自主感知和行动能力的机器人的诞生。将这些零散的成果整合为一个学术领域的时机成熟了。正是在这一背景下，麦卡锡在 1956 年的达特茅斯研讨会上提出了"人工智能"一词。

A　麦卡锡就职于斯坦福大学人工智能实验室（Stanford Artificial Intelligence Laboratory, SAIL），是人工智能研究的一位先驱者。

B　菲尔·佩蒂特（Phil Petit）同他在 SAIL 的同事比尔·匹兹（Bill Pitts）和泰德·帕诺夫斯基（Ted Panofsky）合作，战胜了雅达利（Atari）公司，成功实现了第一款电子游戏——太空战争（Spacewar）的商业化。

C　液压臂被用来测试机器人是否能够跟上控制它的电脑的指令。

D　"斯坦福兰乔臂"（The Stanford Rancho Arm）是早期研发的机器人手臂，它是由一个假肢改造成的。

E　DEC PDP-10 是一台在斯坦福很受欢迎的计算机，它拥有由 SAIL 成员共享的双处理器系统。

F　SAIL 在开发高性能机器人手臂方面发挥了关键作用，这其中就包括强大而快速的液压臂。

从那个夏天开始，达特茅斯研究组马力全开，展开了他们对具有思维能力的机器的苦苦追寻，这个目标在当时或许有点天真的眼光看来，似乎很容易实现。于是，人工智能研究的第一个繁荣时期开始了，这个时期始于 20 世纪 50 年代中期，止于 20 世纪 70 年代中期，它明确并推广了一些该领域的研究旨趣。后来，他被麦卡锡生动地称作"看！妈妈，我没用手！"时代。人工智能的先驱者们在这一时期花费了大量的时间去反驳那些认为机器无法执行某些人类范畴内的任务的怀疑论调。

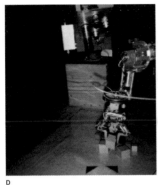

D   E   F

这样一种思路产生了一些高度集中的在"玩具问题"（toy problems）范围内运作，而不是解决真实世界场景中问题的程序。但是，虽然有这样的限制，这些程序的确证明了"机器并不仅限于数字运算"这一理念。比如，人工智能研究者们发明了能够解决微积分问题的程序，以及那种在智商测试中常见的类比推理问题的程序。

对于一般的旁观者来说，在这个时代中制作出来的程序着实让人瞠目结舌，而研究人员们更是非常乐观地断言，在 20 年内人类就可以制作出拥有充分智能的机器人了。

玩具问题（toy Problem） 在计算机科学中，玩具问题是现实生活中任务的简化、精简版本，科学家们可以用它来检验人工智能的算法。虽然这些问题在生活中没有直接的应用，但它们解释了其他更复杂、实用的问题案例所共有的特征。

虽然在范围上有其限制，这些程序却成了一些新科技的有力驱动。这其中就包括早期的成就——"逻辑理论家"（Logic Theorist），它是第一个运行起来的人工智能程序，证明了科学家们设想的可行性。在构筑这个程序的时候，研究组研发了一种被称为启发式搜索（heuristic search）

A ELIZA 由约瑟夫·维森博姆
编写，它会根据程序"脚本"
中的指示同用户进行交互。

B 夏奇机器人研发于 SRI 的人
工智能中心，它配备有电视
摄像头、撞击传感器和导航
用的三角测距仪。这些硬件
和计算机相连接，以便规划
和执行操作。

的指令步骤，虽然并非万无一失，但它可以在大多
数情况下寻找到一个问题的更快捷的解法。

人工智能的一个核心问题是如何让计算机最大限度地
利用有限的计算资源、在一个合理的时间范围内得出
问题的解答。由于计算的时间和消耗的能量会随着问
题的复杂性提升而大幅增加，在一些情况下近似而非
完美地解答问题就成了更有效率的选择。这种在启发
式搜索技术中占据核心地位的强大理念极大地拓展了
计算机能够解决的问题的类型。

20 世纪 60 年代前期，剑桥语言研究所的玛格丽
特·玛斯特曼（Margaret Masterman，1910—
1986）和她的同事们用语义网开辟了机器翻译的
新大陆。自然语言处理领域的早期工作孕育出了一
款大受欢迎的程序——艾丽莎（ELIZA）。于 1965
年诞生在麻省理工学院的这一交互式程序可以模仿
人类心理医生同人交流。令人惊讶的是，许多用户
甚至迷上了它的治疗过程。

夏奇机器人（Shakey the robot）在 20
世纪 60 年代后期的首次亮相，标志着自主
移动机器人领域的建立。这台"晃晃悠悠的

机器人"之所以被命名为"夏奇"（Shakey），是由于它在运行过程中总是会颤动。它展示了逻辑推理可以怎样与数据感知（如视觉）相结合，从而计划和控制物理活动。

这一时期同样出现了第一批人工智能游戏玩家。在那个时代，研究者们相信游玩策略性游戏需要很高程度的规划、知觉、经验以及解决问题的技巧，换言之，需要人类级别的智能。虽然像跳棋和国际象棋这样的游戏比人们预想的要容易得多，但是，这种在一个游戏环境中训练和测试新人工智能算法的策略却被证实非常有效。亚瑟·塞缪尔（Arthur Samuel）的跳棋软件正是早期的一个成功案例，该软件通过反复同自己对弈来改进其游戏玩法［这是一种通常被称为"自我对弈"（self-play）的流行策略］。很多人认为，塞缪尔的发明就是机器学习的第一次演示。在今天，包括谷歌的深度心智、非盈利性的 OpenAI 在内的许多机器学习公司都采用了这种"自我对弈"策略。

语义网（semantic net）一种知识表征技术。语义网提供了一种映射不同话语概念之间关系的数学方法，它很像人们在头脑风暴时使用的那种将想法和概念连接起来的思维导图。

机器翻译（machine translation）机器学习的一个子领域，研究能够在不同语言之间自动翻译声音和文本的算法。

人工智能游戏玩家（AI gamer）能够参与实体游戏或者电脑游戏的一种算法。这一途径代表了研究人工智能的一种方法，即为了研发出那些更复杂、更有用的实用程序所需要的特征，让算法和其他算法或者真人在游戏中对抗。

OpenAI 一家由埃隆·马斯克和山姆·阿尔特曼在2015 年建立的非营利型研究机构。该机构秉持着让全人类受益的宗旨，积极进行人工智能算法的开发。

B

A

同样是在这一时期，感知器技术也发展起来了。感知器由弗兰克·罗森布拉特（Frank Rosenblatt，1928—1971）在 1958 年发明，感知器的计算方式大致同生物神经元类似：单个神经元相互联结形成神经网络，而这些网络则构成了学习的基础。感知器革命性地开创了以神经科学指导学习机器研究的理念。

这种简单的人工智能算法最终导向了 20 世纪 50 年代人工神经网络的发展，这种技术将复数的人工神经元分为三层，即输入层、中间层和输出层，神经网络作为一个整体，一同读取、处理和输出一个结果。每对神经元之间的连接则是一个随着网络的学习过程而变化的值，它被称为突触权重。

尽管该项技术在 20 世纪 70 年代经历了一段低潮期，但反向传播（backpropagation，或反传，backprop）的发现让该技术在 20 世纪 80 年代末和 20 世纪 90 年代得到复兴。在反向传播之前，神经网络最多只能包含一个中间层，这是因为人们没有找到有效的方法来改变复数个中间层的突触权重。利用反向传播，研究人员则可以构建具有多个中间层的神经网络，从而显著提高它们的能力，以便学习更为广泛的功能。

现如今，在视觉和语音识别、打游戏和放射医学等领域，最尖端的神经网络架构有时已经可以同人类的表现相媲美了。

但是，在第一次人工智能热潮中占据主导地位的成就可能还是那些知识型程序（knowledge-based programs），这些程序会根据一组程式化的知识来展开对复杂问题的推理和破解。这类技术的早期案例几乎全都是专家系统：即那些专精于某个知识领域的程序。

举例来说，开发于 1967 年的丹卓尔（Dendral）程序为有机化学家解释有机化合物的质谱提供了帮助，它是首个在科学推理中得到成功应用的知识型系统。该程序的核心功能——在对问题进行限定的情况下给出解决方案——后来在商业活动中被用于财务规划。同年，用于数学和国际象棋的知识型系统也被开发出来。在这之后开发的一些程序，如 MYCIN 和 CADUCEUS，则进一步展现了人工智能在医疗诊断领域的潜力。可以说，这些专家系统是该领域第一次在实践层面上取得成功，它们使得投资者和研究人员都对未来的发展充满信心。

看上去，人工智能已经势不可挡了。

然而，到了 20 世纪 70 年代，越来越多的问题逐渐浮现出来，第一次人工智能寒冬到来了。问题之一是硬件：计算机内存和处理速度无法满足人工智能算法日益增长的需求，从而使得新的想法无法得到验证。另一个问题是组合爆炸（combinatorial explosion），其成因是许多现实世界中的问题计算耗时巨大，让人难以忍受。这导致那些对于解决玩具问题有效的方案无法升格为真正实用的应用技术。还有一个问题，在计算机视觉和自然语言领域中，程序对世界上的信息有着海量的需求。

在那个时候，建成一个庞大到足以提供所需数据的数据库，是一件不可能的事情。其他问题还包括：对真 / 假二值系统的过分依赖，以及在处理不确定性上缺少良方。这些早期的系统并不足以投入复杂却实用的应用中去。

A

人工智能寒冬（AI winter）
人工智能历史的一个阶段，研究兴趣和资金的双双退潮，导致进步迟缓。人工智能至今经历过两个大的严冬：即 1974—1980 和 1987—1993 两个时期。

组合爆炸（combinatorial explosion） 随着设定复杂度的增加，问题的规模也呈指数型增长。人工智能中的一个核心问题是要限制这种增长，以减少解决问题所需的运算时间和资源。

第五代计算机系统（Fifth Generation Computer System） 一个由日本通商产业省资助的项目。它始于 1982 年，旨在开发功能强大、性能与我们今天拥有的超级计算机相似的计算机。人们希望这些新一代的计算机能够成为人工智能开发和测试的平台。

A　20 世纪 70 年代，如左
图中这样的带有磁带卷轴
驱动的控制台的博乐思
（Burroughs）大型计算
机颇受欢迎，特别是在商
务领域中。这种计算机由
博乐思公司开发，产品线
分为高级、中级和入门三
种模型，每种模型都为特
定的编程语言量身定制。

B　在 20 世纪 80 年代，东
京的秋叶原地区开始向专
家和业余爱好者们销售家
用电脑及相关零件，从此
以"电器城"闻名于世。
在今天，这个市场依然欣
欣向荣。

20 世纪 70 年代，一系列让人丧气的报告对这些问题进行了详细的阐述，使得人工智能研究领域中的乐观情绪一时偃旗息鼓。这一领域也变成了它自己热度和炒作的受害者——为了满足那些不合理期待，研究人员们只能苦苦挣扎。随着主要政府机构对研究进展的停滞和实用成果的缺乏感到失望，资金最终枯竭了。

然而，日本最终点燃了第二个人工智能繁荣期的星火。20 世纪 80 年代初，日本注入资金，启动了其第五代计算机系统项目。该计划旨在开发大规模并行运算架构，将其作为一个硬件平台，最终极大地反哺了人工智能程序的研发工作。

A

有效的老式人工智能（Good Old-Fashioned Artificial Intelligence） 对依赖于操纵符号和规则的人工智能算法的笼统称呼。这种方法在专家系统中可以说达到了极限。

决策理论（decision theory） 研究在不确定条件下做决策的过程的逻辑和数学。该类研究的成果为我们提供了决策策略。该类研究为我们提供决策策略，这些策略会告诉我们如何基于预想到的盈亏风险来做出最佳选择。

同时，俄罗斯也开始表现出对下一代计算机和人工智能的兴趣。这使得美国担心自己的技术会很快被别人迎头赶超。作为回应，一些美国公司和研究人员也动起了真格，重新启动了人工智能研究，美国国防部则开始了一项旷日持久的大型项目，开发像自动驾驶汽车和坦克这样的人工智能系统。

在 20 世纪 80 年代，专家系统迎来了又一次爆发性增长，促成这一爆发的是一个关键假设的提出：使用大量且多样的数据的能力是进行智性思维的前提条件。作为全球大小公司苦心钻研的结果，有数百个这样的系统被研发了出来。可是，这批新一代专家系统也很快碰了壁：那些较小的系统被证明由于在计算上的限制，无法帮助人们解决现实世界中的实际问题，而那些较大的系统则耗资巨大、实用性差且过于笨重。到了 20 世纪 80 年代后期，由于第五代项目未能实现其最初定下的目标，也由于人们对专家系统的兴趣越来越小，第二个人工智能寒冬降临了。一些人工智能研究人员甚至开始避免使用"机器人技术"和"人工智能"这样的字眼，因为他们担心这样的表述会减小获得资助的机会。

B

在 20 世纪 90 年代，众人翘首以盼的人工智能的再一次复兴到来了，成就这次复兴的是一个新的理念，即仅仅使用"有效的老式人工智能"（GOFAI）方法不足以制成智能系统。GOFAI 特别容易受到变化的影响：对其所要解决的原始问题进行微调抑或改变初始条件，都会破坏算法的有效性。于是，越来越多的人工智能研究人员开始摆脱专家系统和 GOFAI，而转向那些能更好地处理变化的算法。第二章将会对此进行介绍。

除了这种概念上的转变之外，人们也意识到，人工智能所需要解决的许多难题其实已经在其他领域中得到了研究，这些学科包括数学、经济学和理论性的神经科学，高层次的跨学科合作愈发频繁。来自概率学和决策理论的理念被导入这个领域中，精确的数学刻画也被开发出来，为机器学习的算法提供支持。渐渐地，人们又对此积极了起来。

互联网的广泛利用拉开了
人工智能研究新时代的序幕。

A 梅萨摩尔（Metsamor）核电站于 1976 年至 1980 年间在亚美尼亚建造，目前仍在运营中。最近，它因缺乏密闭安全壳以及其在地震带之上的选址而受到抨击。

B 位于华盛顿州汉福德的怀铀提取工厂利用计算机仪表板对核材料进行工业规模生产。它的运营后来在冷战时期得到了扩展，又于 1987年被彻底关停。

深蓝（Deep Blue） 一台典型的 GOFAI 型国际象棋计算机。该电脑用暴力穷举法来规划自己的每一步棋。

网络爬虫（web crawler） 一种系统搜集网上信息的互联网机器人。它们经常被用来为搜索引擎构建网站和网页的索引。

无人驾驶机器人挑战赛（DARPA Grand Challenge race） 这一赛事由美国国防高等研究计划局赞助，旨在推动无人驾驶汽车的发展。

图网（ImageNet） 一个图像数据库，它使用多重关键字或短语对库中的每一张图像加以描述。图网由斯坦福大学的李飞飞博士开发，是首批满足了计算机视觉研究中大量数据需求的数据库之一，它使研究人员能够对那些索引、检索、组织和注释多媒体数据的、日益复杂的算法进行检验。

深度学习（deep learning） 一种利用多层神经网络构架的编程方法，在机器学习领域十分流行，其发明受到了人类大脑结构的启发。

随着硬件性能和可用数据的指数级增长，人工智能在许多方面取得了重大进展。例如，1997 年 5 月 11 日，在一场备受瞩目的对局中，IBM 公司的深蓝（Deep Blue）成为第一个击败国际象棋世界冠军加里·卡斯帕罗夫（Garry Kasparov）的计算机程序。同年，美国宇航局（NASA）的探路者任务发布了第一架自动机器人太空漫游车。网络爬虫技术使得谷歌在 1998 年声名鹊起，也让其他搜索引擎在大约同一时期闪亮登场。

2005 年，人工智能又有新突破：斯坦福大学的自动驾驶汽车斯坦利（Stanley）摘得"无人驾驶机器人挑战赛"（DARPA Grand Challenge race）的桂冠，引发了商界对无人驾驶汽车的广泛兴趣。2009 年，斯坦福大学发布了用于计算机对象识别的大型图像数据库"图网"（ImageNet），它为人工智能研究人员开发多层人工神经网络提供了充足的数据。2012 年，使用图网的计算机视觉技术取得重大突破，深度学习革命随之而来。从那以后，该领域一直势不可挡。

人工智能的下一个篇章又是什么呢？

波澜起伏的历史表明，我们当下可能只是处在另一个炒作周期罢了。不过，比起之前的繁荣时期，目前的人工智能热有一个重要的特点：商业化。今天，人工智能研究的进展正在迅速地转化为商业用途。这一趋势正吸引着众多公司为顶尖的基础研究提供资金，他们都认为，随着基础研究的进展，商业上的重大突破也会水到渠成。这其中自然也有领跑者：受益于由"谷歌大脑"（Google Brain）开发组研制的算法，谷歌翻译的准确度突飞猛进。2016 年，谷歌宣布一项决定，要将公司围绕着人工智能这一轴心进行重组，其他公司——包括脸书、苹果、亚马逊、微软和百度——也都纷纷效仿。

人工智能经历了范式上的转变——人们更倾向于将它视为解决问题的一个工具，而非制造智能意识的一种方式，而在今天，这一转变正在推动相关行业在人工智能的军备竞赛中你追我赶、一掷千金。

A 在 1999 年，谷歌迁址到了帕罗奥多（Palo Alto），开始了其整合全世界信息的漫长征途。

B 特征可视化技术让研究人员可以把握像 GoogLeNet 这样深层神经网络对多层图像的理解程度。在工作时，GoogLeNet 首先会检测图像的边缘区域，并进行抽象处理，直至它检测到对象为止。

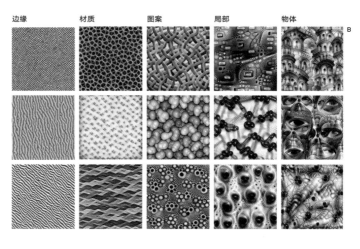

边缘　材质　图案　局部　物体

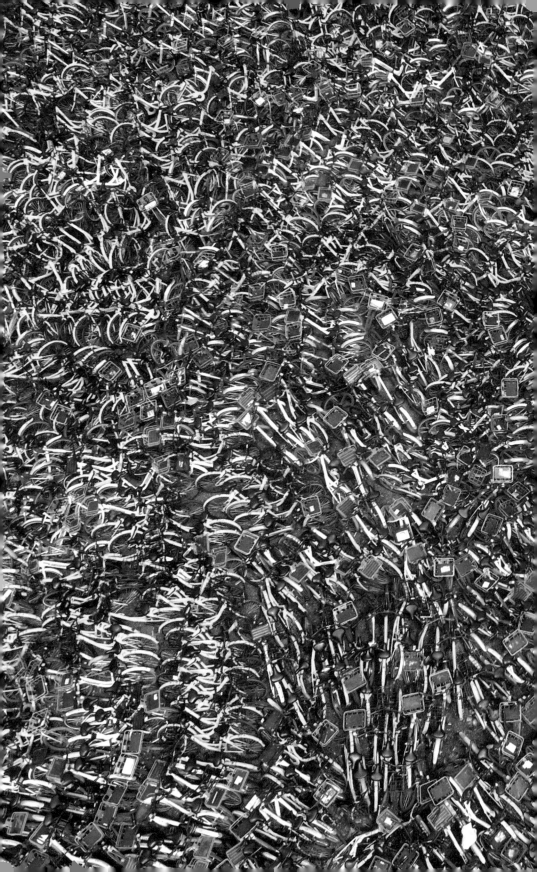

2. 人工智能如今的能力
The Capabilities of AI Today

A

在今天，人工智能技术已经非常普遍。

一个普通的电子产品爱好者每天都能在一个舒适的温度中醒来，这是因为他给自己的房间装配了学习型恒温器"巢"（Nest）。上班路上，谷歌地图帮他预测车流量、缩短通勤时间，开车变得更加轻松。在工作中，苹果的邮件应用程序会自动为他的回复邮件提供建议，并且检查拼写，避免错误。到了晚上，他登录网飞，观看推荐的新节目来放松身心。通过这样的方式，人工智能产品为他的旅行、工作和日常生活都提供了便利。

B

在 2018 年 3 月，盖洛普对 3000 名美国人进行的一项民意调查显示，85%的美国人使用配有人工智能的产品，如导航应用、流媒体服务或共享车应用。因此，一点也不奇怪的是，人工智能现在也在硅谷那些最成功的公司中发挥着重要作用。事实上，人工智能在今天的应用实在太多，很难一一进行综合盘点。在这里，我们将关注几个受人工智能影响明显的领域，并探究这些应用背后的技术和算法。

A/B 这些街景由乔·拉夫曼（Jon Rafman）拍摄，是他名为 9 眼（9 Eyes）的线上艺术作品（2009 年至今）的一部分。在 2007 年，谷歌推出了"街景"（Street View）服务，提供世界上许多街道的全景视图。其有效范围已经扩展到了农村地区。这些图像也构成了对生息变化中的文化与社会的快照。

毫无疑问，机器学习已经是过去二十年中对人工智能领域影响最大的一项技术。它是一种让程序通过学习大量数据来自主提高其在特定任务中的表现的范式。与那些经典程序不同，学习型算法——也称为学习者——并不是"写死"（hard-coded）的，而是训练而成的。这些强大的算法不基于"自上而下"的人为定制的进路去处理信息和进行计算，而是从头开始学习；它们所学到的内容并非来源于人类，而是来源于数据。学习者不会以一种确定的方式进行计算；它们所依赖的是统计数据。

机器学习让我们离真正意义上的智能又近了一步。

自主学习程序的崛起在一定程度上受益于更为廉价和可靠的硬件，是后者使得制作由真实世界中的数据驱动的系统变成了一个切实可行的任务。硬件在收集、存储和处理大量数据方面的能力日益增强，使得能使用各种统计方法破解问题的学习算法终于化为现实。

虽然机器学习常常被视为一个独立学科，但其实，它是那些旨在解决特定问题的种类繁多的统计策略的总称。虽然这些算法中的很大一部分是基于对"人类如何显示出智能思维"的高级直觉开发出来的，但机器学习依然是纯粹技术性的。它并不处理如"机器思考吗？""它们有意识吗？"这样的哲学问题。相反，机器学习希望能以一种明晰的方式，在计算机中复制特定的人类范畴内的任务，从而保证这些程序输出的结果是对一个问题的有效解答。就目前而言，机器意识并不是重点。因此，当人们与人工智能助手交谈时，算法不会有意识地理解这些话语的含义。相反，在纯粹的行为层面，数字助理可解析单词、短语和句子，进而让算法能够执行语音的指令，如上网查找天气预报。

A

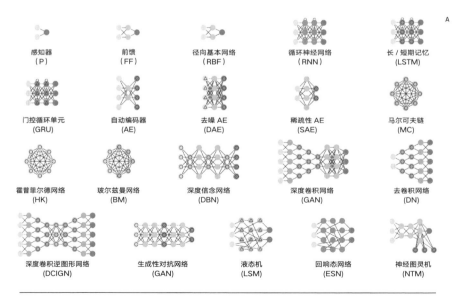

感知器
（P）

前馈
（FF）

径向基本网络
（RBF）

循环神经网络
（RNN）

长 / 短期记忆
(LSTM)

门控循环单元
(GRU)

自动编码器
(AE)

去噪 AE
(DAE)

稀疏性 AE
(SAE)

马尔可夫链
(MC)

霍普菲尔德网络
(HK)

玻尔兹曼网络
(BM)

深度信念网络
(DBN)

深度卷积网络
(GAN)

去卷积网络
(DN)

深度卷积逆图形网络
(DCIGN)

生成性对抗网络
(GAN)

液态机
(LSM)

回响态网络
(ESN)

神经图灵机
(NTM)

- ◉ 输入单元
- ◎ 反馈输入单元
- △ 干扰输入单元
- ◉ 隐藏单元
- ◉ 概率隐藏单元

- ◬ 显著隐藏单元
- ◉ 输出单元
- ◉ 输入输出匹配单元
- ◉ 递归单元
- ◉ 记忆单元

- ◉ 异质记忆单元
- ◉ 核心
- ◉ 卷积或池

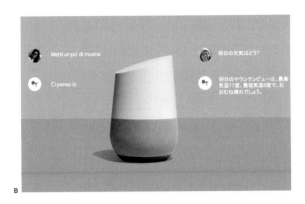

当消费者与声控助手（如 Siri）交谈时，会触发两个步骤。首先，Siri 会激活用于语音识别的人工智能系统，将不精确的音频转化成明确的文本。这一步非常具有挑战性，因为人类的发音会因地域和性别的差异，很自然地有各种各样的音高和音调。为了确保所有用户都可以使用执行语音识别任务的人工智能，系统就要利用被称为深度学习的机器学习技术来完成任务。

A 这是一副基本完整的神经网络图表，由福约多尔·范·维恩（Fjodor Van Veen）绘制。图中所罗列的是构建和连接神经网络中单个神经元的不同方式，下到简单的感知器，上至更为错综复杂的结构。这些"架构"控制着计算流程，并不断衍生出新的变化，从而最大限度地提高成功率并缩短计算时间。

B 在 2018 年，谷歌启动了谷歌助手的多语言支持功能，它使得用户在进行问询时能切换语言。

深度学习是当今机器学习发展的主要推动力。该技术自人工神经网络发展而来，受到支撑着人类思维活动的生物神经回路的启发。该技术的巨大成功几乎在每个人工智能应用程序中都大有体现。例如，在语音识别领域，深度学习在大多数应用程序中都将错误率骤降到百分之十以内。

在消费者的语音被转录后，Siri 就会破译这些话语背后的真实意图。这一步骤是在**自然语言处理**算法的辅助下实现的，这些算法也同样是通过学习数百万个例子训练出来的。由于人类语言通常不精确或者模棱两可，因此 Siri 必须拥有一个庞大的数据海才能够捕捉并概括口语中的种种变化，从而破解其含义。 然而，深度学习的力量恰恰在于，只要有足够数量的例子，它就能让自然语言处理系统理解语句，分析句子中的情感，并自动进行跨语言翻译。

另一种常见的人工智能应用是私人推荐程序。举例来说，我们可以考察四个看似很不一样的公司：提供视频流媒体服务的网飞，在线购物平台亚马逊，社交媒体网络

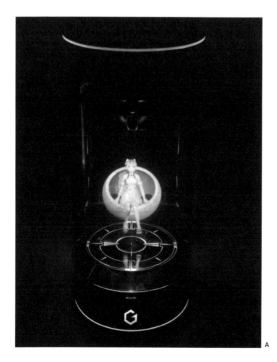

A   2017 年，一款名为初音未来的全息虚拟助手在日本千叶市展出。一开始，初音是用一款名为 Vocaloid 的语音合成软件开发出来的虚拟流行乐手。

B   这是某大型电影数据库（左）和该数据库内建立起的关联（右上与右下）的视觉图，该数据库作为网飞奖的一个部分，由科里斯·赫费勒（Chris Hefele）制作。

自然语言处理（natural language processing）
人工智能的一个子领域，帮助计算机来理解、编译和使用人类语言，且其处理对象经常有着较大的文本量。

情境广告（contextual advertising）一种在线上自动推荐广告的方法，它根据用户的网页浏览活动或输入的搜索关键词来定位目标用户。

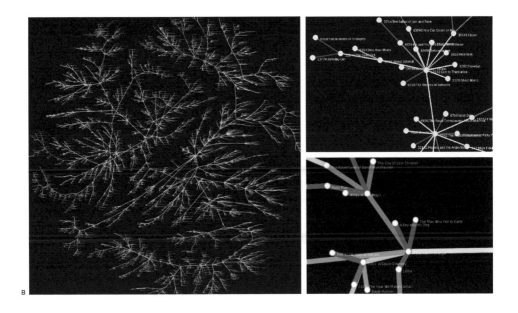

脸书，以及搜索引擎谷歌。虽然这些公司提供不同的服务，但从根本上说，他们的人工智能系统正在执行一项非常类似的任务：信息的守门人。

这些公司利用机器学习技术来预判应该向用户展示哪些信息。今天，推荐系统广泛地采用人工智能来提供专属的书籍、电影推荐或个性化的搜索结果。这些系统还被用于情境广告和在线约会服务。

在本质上，这些人工智能应用都是努力在不确定性的干扰中，去提供有意义的建议。比如，亚马逊会根据你之前购买的一本书来推荐另一本书，即使它并不了解您的阅读偏好。这是通过两种互补的手段实现的。首先，系统会基于对象过去的行为和其他用户做出的类似决定来建立一个关于用户喜好的模型。亚马逊主要是用这一技术来依照购物历史给用户推荐商品。脸书、领英和其他社交网络也使用类似的系统来推荐好友和就职渠道。

其次，该技术还需要人工智能从一个对象中提取一系列特征并建立档案。接着，系统会找到具有相似档案的其他对象，并预测每个特征对于一个特定用户的重要性。电影评论网站烂番茄（Rotten Tomatoes）和音乐推荐应用潘多拉电台（Pandora Radio）都用这种方法推荐电影和音乐。

不确定性是这些系统所面对的关键问题：不管是对象的特征还是用户的偏好，系统往往都没有一个完整的档案。因此，它们需要对用户喜欢上一个推荐的概率进行估算。在进行这项工作时，一系列基于贝叶斯方法而开发出来的流行算法尤为有效。这些算法提供了一种根据新数据对特定假设（如用户喜欢某部电影或某首歌曲的概率）的可靠性进行更新的方法。这是一种极为强大的方法，它可以从稀疏、嘈杂的数据中萃取知识。一个用户购买了一本书可能只是用作礼物，这会在系统为他的兴趣建档时产生干扰。人工智能中的贝叶斯方法提供了一种在数据不完善的情况下进行充分学习的方法，它们通常与其他算法（如人工神经网络）相结合，生成有着最佳输出结果的元学习者。

在推荐程序中使用人工智能是一项蓬勃发展的业务。

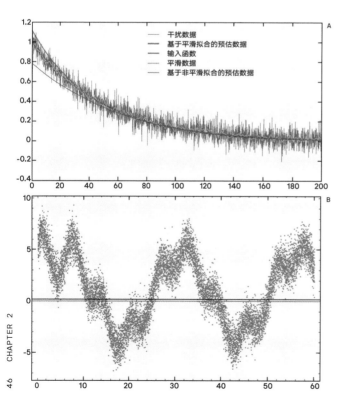

贝叶斯方法（Bayesian approach）基于新的证据用贝叶斯定理来更新一个假设的可能性的推理方法。这一方法提供了一个在机器学习中表现和操控不确定性的框架。

元学习者（meta learner）一种学习如何学习的机器学习算法。这种算法的开发将着眼点放在如何利用过去的经验来让程序更快地学习新的任务，而非只是让程序学习一个单一的任务。

A 通过以各种方式进行的统计处
理，科学家试着将干扰数据
（尖峰状线）拟合为一条指数曲
线（红色线）。为了揭示出趋
势，科学家通常需要排除现实
世界的数据中的干扰。
B 在此图中，计算机生成的数据
库覆盖 10000 个对干扰敏感的
数据点。计算机科学家可以使
用一种称为分位数回归的算法，
来找到最适合于此类干扰数据
的算法。
C 网飞的科幻剧《怪奇物语》的
创作受到了 20 世纪 80 年代
美国生活的启发，一经放送便
引爆网络。除了推荐引擎之外，
网飞还利用机器学习来为每个
节目打造个性化的宣传海报。

C

网飞将推荐系统视为公司最有价值的资产。该公司的西内匹配（CineMatch）平台建立了一个关于用户兴趣的模型，并根据这个模型引导用户们去观看那些不太受人关注的电影和电视节目，这些节目对公司来说租赁成本很低。通过将人们的注意力从昂贵的大片上移开，网飞得以确保其用户订阅足够支付其租赁费用并产生收益。2006 年，该公司为每一位将其推荐准确度提高 10% 以上的研究者提供了 100 万美元的奖金。

到 2012 年，该公司报告称，其用户所观看电影的 75% 都来自他们的推荐算法。

最近，网飞将其业务扩展到了内容制作上。利用其关于用户观看习惯的庞大数据库，公司对能够吸引最多关注的情节和演员进行预测，并根据这些数据开始制作电影和电视节目。网飞至今已经发布了几个爆款节目，这其中就包括《纸牌屋》(House of Cards)，《女子监狱》(Orange is the New Black) 和《怪奇物语》(Stranger Things)，而该公司的方法也被亚马逊会员视频（Amazon Prime Video）和葫芦（Hulu）等在线流媒体服务所采用。

A 2016 年，在瑞士的克里斯蒂娜堡（Kristineberg），沃尔沃（Volvo）的 FMX 自动驾驶卡车成为第一辆在错综复杂的地下矿井进行自动驾驶的车辆。沃尔沃是推进卡车行业自动化的交通运输公司之一。

B 这是在 2017 年日内瓦国际车展中由大众（上）和奥迪（下）展出的自动驾驶概念车。这些展品显示了未来汽车在硬件上可能会出现脱胎换骨的设计变化。

A

在电子领域之外，人工智能系统也正在迅速改变我们与现实世界的互动方式。自动驾驶汽车就是一个例子，它已经准备好对我们现有的交通运输系统进行更新换代。一直到 2000 年之前，出于对城市环境的复杂性以及许多超出汽车控制范围的意外事件的担忧，人们认为汽车的自动化驾驶是很难实现的。

2004 年，DARPA 的慷慨资助推动了自动驾驶汽车的研究发展。15 辆自动驾驶车成功在美国内华达州的沙漠行驶了 142 英里（228.5 公里）。虽然参与这项活动的团队都没能完成挑战目标，但是 100 万美元的奖金激发了人们对开发自动驾驶汽车核心技术的兴趣，包括先进的传感器技术和行车地形的三维地图。

时至今日，自动型交通工具已经成了人工智能领域发展最为迅速的应用之一了。

截至 2018 年 2 月，谷歌慧摩（Google Waymo）自动驾驶车队已在美国 25 座城市的公路上行驶了 500 万英里。特斯拉生产的大多数车辆都配备了具有完全自动驾驶能力的硬件，该公司还通过软件更新的方式不断升级车辆的自动驾驶能力。

自动驾驶技术迅速且惊人的进步要部分归功于人工智能几个子领域的重大进展，包括计算机视觉、搜索和规划，以及强化学习。所有这些领域都使人工智能可以动态地报告其周遭环境，并预测潜在的变化。大致上讲，一台自动驾驶汽车在道路上安全行驶时会经历六个关键步骤。

第一步，汽车在一个空间中基于 GPS 和一份关于其环境的详细 3D 地图对自己进行定位，这一空间是基于 GPS 和一份关于其环境的详细三维地图构建出来的。这些高分辨率地图的生成，是通过许多车辆反复驶过相关区域，从而捕捉到道路状况的所有潜在变化实现的。地图对于人工智能驾驶员来说至关重要，因为它们给出了对环境的基本预判，从而使车辆具有一些先验知识。

计算机视觉（computer vision）人工智能的一个子领域，主要开发从图像和其他视觉数据中获取、分析并理解信息的系统。在面部识别、自动数字识别和图片关键词标签系统的背后，都有它的身影。

搜索和规划（search and planning）人工智能的一个子领域，它旨在为需要实现特定目标的机器人和计算机程序设计做决策的步骤。

强化学习（reinforcement learning）机器学习的一种，人工智能通过尝试各种行为和观测其结果，来学习如何在一个特定的环境中指引并执行任务。

第二步，汽车会从一组传感器中收集数据，这些感知器包括提供 360 度视觉的环绕相机、超声波和雷达传感器以及 LiDAR 光线定向和测距。这些传感器会协同工作来搜集附近物体的数据，如大小、形状、速度和移动方向等。

第三步，人工智能会对这些数据进行解析，辨别那些可能对行车路线产生影响的物体。这一步骤的实现需要计算机视觉的帮助——计算机视觉是人工智能研究的一大支柱，正是它让机器"观看"和"理解"图片、视频及其他视觉多媒体。需要明确的一点是，这些人工智能算法并不能暗中理解它们所看到的内容；它们只是在生成正确的显明出来的输出而已：例如，它们会识别一张图像中的狗，但是它们并不理解狗的概念。在自动驾驶中，那些收集到的数据被用来训练机器学习算法，使得后者能基于每个对象的形状和它们的行为来刻画每个对象的特征。通过处理数百万个案例，人工智能习得了识别行人、自行车、路标和其他道路特征的本领。

由于数据的许多组成部分是在路上移动着的，因此人工智能还需要对事物移动的方向和速度加以预测。例如，它需要判断行人的行进方向是朝向还是背对着汽车。这就是第四步：预测道路上物体的动作。支持向量机（the support vector machine）是让人工智能能够实现这一目标的方法之一，它是一种受到人类心理学启示而开发出来的流行算法。这个名称奇特的算法依赖于一个简单的原则，即人类是通过类比进行学习的。

A 固态 LiDAR 可以生成 360 度的三维地图，描绘道路上的物体、人和其他类型的东西。

B 在此图中，LiDAR 使用自旋激光器来生成关于汽车周围环境的三维"点云"。

LiDAR 光线定向和测距（Light Direction and Ranging）
这是一种远程感应技术，它使用激光脉冲来测量当下环境并收集可用于创建周遭环境模型和地图的测量结果。

在这个混乱的世界中，我们寻找着不同概念和场景之间的相似性，从而将未知事件与先前经历过的事件联系起来。相应地，这些比对可以让我们管窥这个世界运作的一般模式。当与深度学习结合起来使用时，支持向量机特别擅长于分析汽车传感器所捕捉的视频，从而识别车辆和行人并预测它们的运动情况。毫无疑问，这些算法不管是对于自动驾驶汽车还是更一般意义上的人工智能，都是一个重要的工具盒。在理解了场景之后，自动驾驶技术的第五步是要确定如何以一种智能的方式来回应不断变化的环境。

搜索和规划是人工智能的一个子领域，它教会机器如何计算并选择正确的反应顺序，去解决一个给定的问题。

无监督学习
（unsupervised
learning）机器学习的一个子类型，人工智能会从未被分类的数据中进行学习，从而让算法在没有"帮助"的情况下采取行动。

"规划算法"帮助人们开发出在一组给定的限制条件下创建计划的方法，它常常被用于机器人动作序列的策划。比如，当一辆由机器人驾驶的汽车完成了对于其当前环境的分析后，它需要实时地找出一条安全、舒适和节省时间的路径，让它能在一组动态的物体间驶过，到达目标位置（如下一个十字路口）。

人工智能决策最尖端的方法大概要数强化学习了。强化学习技术也是受心理学的启发而产生的，它是一种试错法，常常被用来训练动物。简单来说，动物的一个动作会受到奖励或者惩罚，在赏罚的刺激下，动物会逐渐将其行为改变为人们所期望的结果。对于动物来说，这种奖励往往是食物。

A

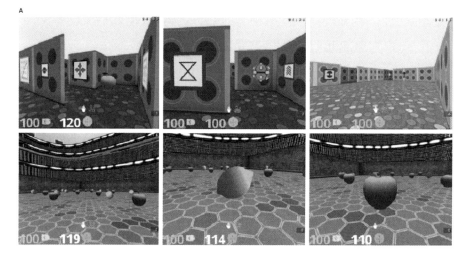

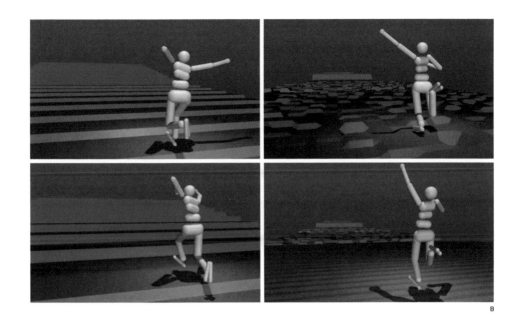

B

在人工智能领域，奖励则变成了
一个算法试着去最大化的数字。
在学习过程中，奖励既可以是短期的
也可以是长期的，短期奖励
会在动作之后立即给予，
长期奖励只会在完成了
整个动作序列之后给予。

认知科学家们主张，强化学习同样是我们人类在无明确指导的情况下获取新知识的一种方式：比如，我们可以通过积累经验，以一种直觉性的方式掌握新的驾驶技能。与此类似，在人工智能领域，由于这种算法和无监督学习的一种类型相似，故而特别有用。走在这一研究最前沿的是一种将强化学习算法与深度学习结合起来的强力算法，称为"深度强化学习"。该范式最初是由"深度心智"（DeepMind）开创的，它把试错法学习与从原始输入（如图片中的像素）中学习结合在了一起。如果我们进一步开发此技术，并将之应用于自动驾驶人工智能，它可以帮助人工智能在不需要人为介入的情况下，仅仅根据其传感器捕获的数据对其下一步行动做出决定。换言之，这些算法能够学习如何在特定的环境中完成一系列行动。

A 深度心智实验室在虚拟游戏中训练人工智能体，让它们进行如迷宫寻路和水果采集这样的任务。在三维游戏平台中训练人工智能的研发策略正变得越来越流行。

B 在深度心智的这个项目中，人们想要将人工智能中高度复杂的动作控制能力理解为物理智能的一个特征。图中，人形行走机器人正在学习如何在陌生的虚拟环境中行走、跑步和控制摔倒。

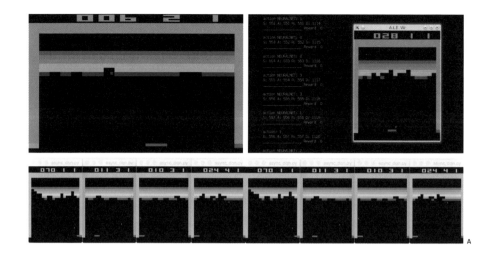

A

深层强化学习受到了人脑的运作方式的启发。一个开拓性的例子是深度 -Q- 网络（Deep-Q-Network = DQN），它可以对过去经验进行反复学习。通过将当前情况与保存在存储器中的事件进行比较，一段时间后，这些网络会开始将输入匹配到能在未来受到正反馈的合适动作上。这个过程会得到一种普遍性的结论，使得人工智能变得更加灵活。另一种受到大脑启发的算法是可微分神经计算机（differentiable neural computer = DNC），它粗疏地模仿了大脑的工作记忆，让 DNC 对需要多个步骤来解决的问题进行"推理"。此技术如果能在将来得到进一步发展，这些内置存储器模块的算法可以帮助人工智能驾驶员更娴熟地对复杂的道路情况进行处理。

这些机器学习技术共同为人工智能汽车的完成贡献了第六个也是最后一个步骤：通过进行加速、刹车和转动方向盘等操作，作出合理的行动。对自动驾驶汽车的研究正在不断推进之中。例如，麻省理工学院目前正在想办法训练其研制的 LiDAR 传感器检视周围区域的纹理的能力，以便能更好地检测土路的边界，从而将自动驾驶车辆带入农村地区。其他一些研究人员让人工智能在虚拟现实环境中进行驾驶。这些模拟地图的使用避开了人工智能驾驶的第一步——即生成高质量的三维地图，它让汽车能够体验到并不常见但可能致命的道路事故。

A 受到严格控制的游戏环境（如本图这样的脱困场景）为用强化学习训练人工智能提供了极为合适的场所。在这个场景中，程序的每个动作都可以受到奖励（如游戏点数），研究人员可以监控这些奖励来了解情况。在机器学习的帮助下，雅达利游戏公司也踏上了复兴的征途。

B GQN 通过"观看"场景来对同一场景的其他视点进行推演。比如，在给定三个视点的情况下，算法就可以生成出一个预测地图集。这种网络可以表征、测量并减少其猜测的不确定性，展现出一种和人类类似的、关于自信心的直觉。

2018 年 6 月，深度心智发布了一个名为生成查询网络（Generative Query Network = GQN）的深度神经网络，它可以基于一系列相关的二维图像重建三维场景，还可以预测在该场景中将会出现的新视图。虽然这一技术仍然处在起步阶段，但 GQN 和一些与之类似的方法可以为人工智能驾驶员提供另一种线路导航的方式。比如，当一辆车从一个不平常的角度驶来时，该算法可以使人工智能熟练判断此特殊情形中两车的交会点。

受到学界和商界热情的推动，自动驾驶汽车行业正在迅速发展：在美国，机动车管理部门已经批准 50 多家公司在许多州对此类汽车进行测试。这些公司既包括慧摩、优步、特斯拉等新兴企业，也包括尼桑、宝马、本田和福特等传统汽车巨头。

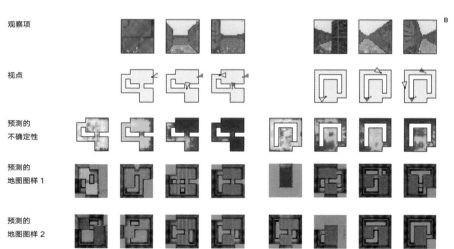

观察项

视点

预测的不确定性

预测的地图图样 1

预测的地图图样 2

⟶ 减少不确定性 ⟶   ⟶ 减少不确定性 ⟶

毫无疑问的是，争做第一家让自动驾驶汽车上路行驶的公司这一经济诱因正在刺激着行业的发展。

根据英特尔的一项研究，自动驾驶汽车有着巨大的经济潜力：英特尔预测，到 2035 年，自动驾驶汽车行业将创造 8000 亿美元的年收入，到 2050 年，这个数字将进一步增长到 7 万亿美元。该报告将这个新市场称为"乘客经济"，这其中包括在自动驾驶汽车的使用中产生的服务和商品的价值，以及在时间和资源上的无形节省。

自动卡车运输工业的经济合理性似乎尤其之高。自动驾驶的卡车可以在高速公路上互相协调以排成一长列，以减小风阻。和人类卡车驾驶员不同的是，人工智能卡车不知疲倦且永不松懈。2018 年年初，总部位于旧金山的英巴克（Embark）公司宣布，该公司的自动驾驶卡车（随车配有一名人类司机监控行程的安全）已经在美国安全行驶了 3860 公里。假如司法机构一路放行，让它们自行运作，这些卡车可以在两天之内横跨国土、完成"从海岸到海岸"交货，相比之下，人类驾驶员所要花费的时间则为四到五天。该领域的经济效益十分可观，这使得慧摩、特斯拉和优步都已经开始对货运业务进行布局，而特斯拉更是在 2018 年发布了一款配备有人工智能的电动卡车。十年内，自动驾驶卡车或许将有能力接管卡车运输业。

A

A 由欧盟资助的 ENSEMBLE 于 2018 年年初启动，其目标是要在欧洲各地部署多个品牌的卡车。通过这一计划，人们希望可以节省燃油、减少二氧化碳排放并提高行车安全性。

B 船运基地正在经历一个自动化的过程。此图是自动运箱机（AutoStrad，全称为 Automated Straddle terminal）在洛杉矶港口忙碌的景象，其工作是摆放和运输集装箱，这些机器的投入使用可以延长设备的维修间隔并让雇员的安全更有保障。

B

同人们最初的预测不同，人工智能
并不只对蓝领工作有着破坏性的影响力。
相反，人工智能应用也在一个意想不到
的领域迅速发展了起来，它就是医疗。
在制药、门诊、手术和医疗诊断中，
人们已经能够切身感受到这些影响。

大数据（big data）
指的是那些极为庞大和
复杂的数据库，通过
对它们进行计算性的分析，
人们可以揭示事物的规律、
发展趋势和相互关联。
这可以用来获得新的洞见
和进行预测。

大数据在医药领域爆发，同复杂的人工智能算法相辅相成，让大型制药公司能够深挖医药资料库，寻找有望见效的候选新药。获得了在"危险边缘！"上的历史性胜利之后，IBM 的"华生"超级计算机现在正与默克、诺华和辉瑞等制药巨头通力合作，加快发现药物的进程、规划和分析临床实验，并对药物的安全性和疗效进行预测。

在这一领域中，一种流行的基于人工智能的研发方法依赖进化算法。与人工神经网络类似，进化算法也受到了自然的启发——它的灵感来自自然选择。在这种算法中，人工智能研究人员会从一个初始算法群开始，从它们中挑选出在生成药物的新分子结构上表现最佳的算法。然后，他们会对表现最佳的算法略微做出调整，或者将这些算法的代码块相互混合，以产生下一代算法。从理论上讲，经过多代进化，在最后一代算法中表现最好的程序将会在生成类药分子上有着非常出色的表现。

进化算法使得研究人员能够对分子的特性进行建模。此外，它们还提供新的分子结构，并确定这些结构能否在药物中起效。如今，大多数大型制药公司都将遗传算法作为药物发现过程的一个环节加以使用。此外，前文在介绍推荐系统时论及的贝叶斯模型在预测各类药物的化学结构和多剂耐药性方面也非常有用。

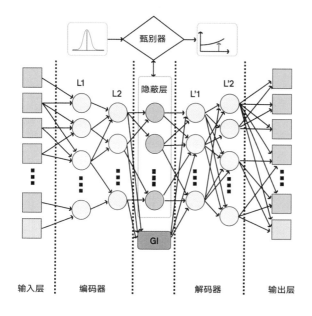

A

A 由深度学习算法生成的对抗型自编码器可以在特定的专注范围内生成可抗癌分子的分子"指纹"。候选的指纹会由一个"甄别器"对它们的真实抗癌能力进行评估。

B 这幅艺术品是由进化算法绘制的。系统会迭代地对原画进行选择和修改，直到选出一幅最终作品。

输入层　编码器　解码器　输出层

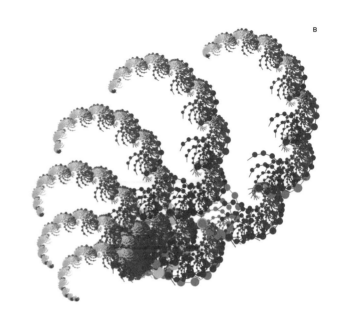

多剂耐药性（multi-drug resistance） 病原微生物对多种抗菌药物产生抗性的能力。例如，MRSA（耐甲氧西林／苯唑西林的金黄色葡萄球菌）和耐多药结核病菌都是对多种抗菌药物具有抗性的有机体。

苏奇（Suki） 医生用数字助理，它可帮助整理电子健康记录文档并减少文书工作量。它由位于美国加利福尼亚州雷德伍德市的一家初创健康公司开发。

在临床实践中，熟练掌握新科技的新生代医生们在工作中经常会使用一些功能细化的人工智能应用。随着工作量的增加，医生们渴望在工作的每个环节都能获得帮助，这开启了将人工智能融入日常实践的可能性。

首先，随着科学文献数量的迅速增加，文本处理型的自动化系统可以在已发表的学术报告中挖掘出新的医学知识，然后以简洁的备忘录的形式呈现给医生，供他们学习。IBM 华生和语义学术（Semantic Scholar）目前正在对此功能进行开发完善。利用自然语言处理技术，这些系统能阅读数百万篇论文，对它们学术发现进行分类，从而识别以前被忽视的关联和信息。其次，配置了人工智能的临床助理，可以从医生手中接管像制作医疗图表这样的行政工作。在 2018 年中期，苏奇（Suki）的开发商筹得了数百万美元资金，这些钱会被用来进一步升级这款诊所用的语音数字人工智能助手。美国组织的 12 个试点项目的初期数据显示，人工智能可以让医生花在文书工作上的时间减少 60%。与其他机器学习技术一样，苏奇工作的准确性只会随着数据量的增加而提高，这需要一定时间的沉淀。

作为人工智能一个引人瞩目的子领域，机器人技术的进步使得另一个行业蓬勃发展起来，那就是手术机器人。2000 年，直觉手术（Intuitive Surgical）公司推出了达·芬奇系统，这是一种支持微创心脏搭桥手术的新型人工智能技术。该系统使用机器手臂将外科医生的手部活动转化为一系列精确入微的机械动作。这款系统现在可以支持多种类型的手术，广泛应用在全球各地的医院中。

不过，受人工智能影响最大的可能还是医疗诊断。

2017 年，刊登在著名学术期刊《自然》上的一项研究显示，人工神经网络可以有效检测出由活检证实的皮肤癌。该研究所用的算法的诊断准确率可以同获得资格认证的皮肤科医生相当，甚至更胜一筹。

在一些测试中，人工智能表现得比人类医生更为敏锐和细致，这体现在人工智能更不容易错过那些致命的皮肤癌，也更不容易在没有癌症时错诊为癌症。最近，有研究团队推出了可以通过扫描视网膜图像来预测眼部和心血管疾病的风险的人工智能系统。同样，我们也有可以根据乳房 X 线照片诊断乳腺癌的算法，以及可以识别肺炎、心律失常和骨折的自动化系统，这些系统的准确率都可匹敌甚至超过人类医生的水平。

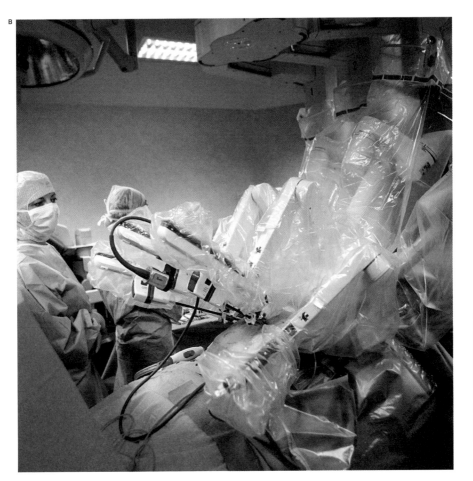

人工智能在医学诊断领域可谓前途无量，英国人工智能科学家杰弗里·辛顿（1947— ）最近甚至发表评论说，医学院"现在应该停止培养放射科医师"。然而，有些人相信，在那些医疗服务不足或者尚处在发展中的地区，人工智能诊断机器可以辅助人类放射科医师，增加人们获得医疗救助的机会。

最后，人工智能在医疗护理领域还有一项实验性的应用——智能义肢。通过使用深度学习方法，科学家们现在已经开发出可以对脑电波做出响应的义肢和义手，让肢体不健全人士用他们的思维来控制仿生肢体。爱珀利（Aipoly）和眼感（EyeSense）等公司正在使用神经网络来为视障人士出行提供帮助。这些应用是在智能手机上运行的，它们会对自己在当下环境中所看到的对象加以描述。

人工智能给社会带来的影响及其应用多种多样，不胜枚举。

A

A　DARPA 公司的 HAPTIX 计划正在开发可以感受到触觉的义手。通过用电流刺激神经，该系统能够产生像真手那样的逼真感觉。

B　机器学习正在为由大脑直接控制的义肢的发展提供助力，让它们变得越来越智能。这些算法能通过解读脑电波的样式来解析主体的运动意图，这个过程并不需要意识的输入。

C　舒动（ComfortFlex）接口用"智能塑料"来"记住"残肢的形状。

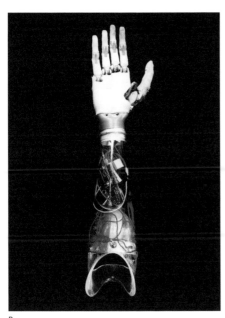

B

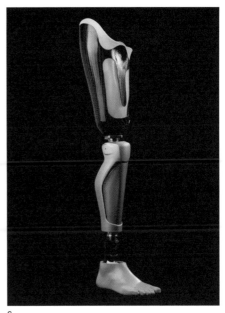

C

除了本章所述的领域之外，斯坦福大学"百年人工智能研究"还预测，人工智能将在未来二十年内对物流、教育、公共安全和服务机器人等行业产生重大影响。随着技术的发展，人工智能系统将进一步渗透到社会和产业的方方面面中。但是，为了让人工智能的潜力能够得到充分的发挥，我们就必须要准确、明白地把握它所带来的种种后果。

如今，在人工智能实现其革命性承诺的征途上，依然横亘着几个主要的障碍。

3. 人工智能如今的局限和问题
Limitations and Problems of AI Today

A

尽管人工智能的应用在我们的日常生活中迅速普及，但这些技术远非尽善尽美的。

其中一些局限性来自人工智能算法本身。比如，我们今天的人工智能系统经常会产生错误的结果，但程序是无法为它们的决策过程做出解释的。因此，当它们犯错的时候，它们几乎不用负责。还有一些问题可能藏得更深，它们折射并助长了社会自身的偏见和政府的不法行为。这些问题包括在性别和种族上的偏见，也包括在网上煽动选民情绪以及对公众的隐秘监控。人工智能系统的另外一部分问题则更偏向于技术层面，这些问题包括无法将系统的学习能力普遍化，适用于新的情境之中，以及无法基于有限的案例学习新问题。

不完善的算法会带来可怕的结果，在 2016 年，一辆半自动特斯拉汽车引发了一起致命的交通事故，这就是一个实例。事发时，处在自领航（Autopilot）模式中的汽车错误地将一辆白色牵引挂车判断为从背光角度看到的明亮天空的一部分，从而导致与拖车底部相撞。2018 年 3 月，一辆优步机器人汽车在亚利桑那州的坦佩市撞死了一名行人。事后调查发现，人工智能其实已经探测到了这名女子，但算法错误地判断她不在车辆的前进路线上。不久之后，一辆处于自动驾驶模式中的慧摩汽车受到了一辆人类驾驶的汽车的撞击，该事件也给研究者们出了一个难题：如何改良人工智能驾驶员的程序，才能让它们更好地同人类驾驶员平安无事地共享道路。几个月后，一辆特斯拉 S 型（Model S）箱式轿车撞上了一堵混凝土墙，导致两名乘客死亡。

不过，尽管发生了这些悲惨的事故，但自动驾驶汽车安全性的整体统计数据还是让人眼前一亮。例如，慧摩的汽车虽然卷入了大约 30 起轻微撞车事故中，但只有一起事件是由慧摩车一方引起的。2016 年，一辆慧摩车在自动驾驶模式下变道进入了一辆公共汽车的车道，使汽车遭到了轻微的损伤。但在该事件中并没有任何人受伤。英特尔在 2017 年发布的一项研究预测称，自动驾驶汽车的投放可以在短短十年内挽救超过 50 万人的生命。

自领航（Autopilot）
一种半自动的自动驾驶系统。
该系统要求人类驾驶员
在行车时对道路状况
保持注意和警惕。

B

尽管如此，公众对人工智能汽车的信任度仍然处在历史最低水平。皮尤研究中心（Pew Research Center）在 2017 年展开的一项调查显示，超过一半的受访公众对乘坐自动驾驶汽车不放心，而他们反对的理由正是对安全性的担忧和掌控感的缺失。美国汽车协会在 2018 年 3 月优步车致死事故发生后进行的一项调查显示，有 73% 的美国人表示自己害怕乘坐自动驾驶汽车，这一数字比 2017 年底增加 10%。

A

皮尤研究中心（Pew Research Center）
美国的无党派调查机构，提供关于美国与其他国家社会问题和舆论趋势的情报。

自主无人机（autonomous drone） 无人驾驶飞行器。自主无人机能在一定程度上对人类操作员的高级意图和飞行方向加以理解。

B

C

这些担忧有一部分来自人们对机器学习和人工智能背后的机制缺乏了解。对于公众而言，人工智能就像是一种神秘的炼金术：某些算法在某些时候会产生正确的答案，但是当它们失败时——比如，当 Siri 对一个提问给出了荒唐的答案时——消费者无法理解其成因是什么。同样，当网飞给用户兴趣建立的档案错得离谱时，或者当自动驾驶汽车停靠在了自行车道上时，用户无法追问这类技术到底是在哪里出了问题。

更为严肃的是那些生死攸关的事项，例如对人工智能武器的使用。美国军方正在考虑在军事任务中应用机器学习技术，以帮助情报分析人员对大量监视数据进行模式识别，或者操控自主无人机。在这些应用中，出错却无法解释自身错误的算法会带来灾难性的后果。

这种缺乏信任的情况也延伸到了医学界。尽管有放射医学人工智能研发者的郑重承诺，但医疗护理从业人员对完全接受人工智能诊断技术仍然持保留态度。有一种反对意见是，虽然人工智能技术确实振奋人心，但是大多数人工智能工具并没有经过受到足够数量的独立研究组的测试，因此它们的一些关键细节并没有得到验证，也就是说，它们无法被证明可以应用于所有、任何患者样本。不过，同 Siri、自动驾驶汽车和自主武器面临的问题一样，一个更强有力的反驳意见是：在今天，无论是对还是错，人工智能系统都无法解释它们的决定，甚至它们的开发者也对促成系统决定的缘由一头雾水。这一问题十分严重，以至于人工智能算法常常被人们描述为"黑箱系统"。

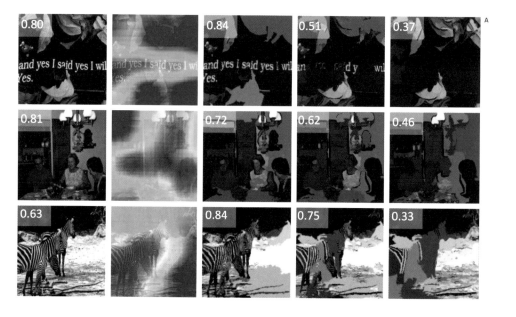

A

黑箱系统（black box system）一种只能观测其输入和输出的系统，用于科学研究和工程技术。人们无法获知也无法检查这种系统的内部运作。

A 美姆网络（MemNet）算法可以分析一张照片，生成关于照片上让人印象深刻区域的热力图。然后，系统可以对照片进行微小的更改，从而改变图像给人留下的印象。

B 莱姆（LIME）算法可用来对一个分类算法做出的预测进行解释。在本图中，一只埃及猫与一条伯恩山犬被区别开来。莱姆（LIME）对影响决策的区域进行了高亮处理。

B

因此，不可理解性是人工智能算法的一个主要局限，也是阻碍人工智能系统得到公众信任一个重要因素。

机器学习的不透明性在一定程度上是由算法的训练方式造成的。今天我们所使用的大多数人工智能应用都依赖于深度学习，这种人工神经网络的结构与人脑大致相似。每个这样的神经网络的出发点都是大量的数据，比如数百万张狗的照片。当数据通过神经网络的复数计算层时，各层会逐步提取出越来越多的抽象特征，使正确的结果能在最终输出层产生出来，如对吉娃娃和迷你杜宾犬做出区别。但是，由于此过程是在神经网络内部进行的，因此研究人员并不一定能对每个抽象特征做出解释，也不一定能理解网络是如何决定提取特定特征的集合的。

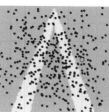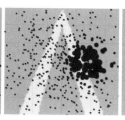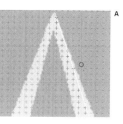

A

毫无疑问，机器学习具有在各行各业改天换日的巨大能量，它既可以拓展人类的能力，也可以在一些任务中取代人类。但是，在研究人员找到让算法变得更易理解，继而变得更加有能力为自己负责的方法之前，我们不应该让这种情况发生。

令人欣慰的是，最近的研究表明，我们并非对机器学习的黑箱特征束手无策。实际上，已经有研究人员在着手研发能够探查机器学习大脑内部情况的新工具了，这是一个名为人工智能神经科学的研究分支。其中一种构思是：微妙地改变算法的输入，并观察是否有影响，以及哪些变化会影响输出，我们就能获得解释。例如，一种被称为"局部可解释模型 – 不可知论解释"（Local Interpretable Model – Agnostic Explanation = LIME 莱姆）的工具就能通过巧妙改变原始输入来寻找影响人工智能判断的关键因素。为了了解影响负责电影评分的人工智能的因素，莱姆会细致地删除或更换在一篇影评的原始文本中导致正面评价的单词。然后，系统会观察电影评分可能出现的变化。反复进行这个过程，莱姆就能梳理出一些结论，比如，"漫威"这个词几乎总是与高评分正相关的。

A 这是运作中的莱姆算法。在分类器算法对数据进行分类后，莱姆对具有"平均"特征（黑色）的数据进行采样，并局部地改变感兴趣点（绿色）周围的特征，以观察决策结果的变化。

B 对人类大脑在结构上（左）和功能上（中）的联结模式的洞悉，可以让我们识别出那些重要的连接枢纽（右），这些枢纽具有将大脑的多个区域连接起来的功能。

人工智能神经科学（AI neuroscience）一门 探究深度学习系统内部工作机理的新学科。其目标是解释深度神经网络的内部功能，包括理解造成它们或优或劣之表现的原因。

局部可解释模型 – 不可知论解释（Local Interpretable Model-Agnostic Explanations） 一种寻求对深度学习网络所做决策进行解释的算法。莱姆开发于 2016 年，它通过改变原始数据并观察相应结果，帮助研究人员了解深度神经网络如何做出决策的。

上述路径的另一个分支是由谷歌开发的，它以一个空白的参照项（比如纯黑的图片）作为开始，然后逐步将其转换为输入图像。在每一步转化的过程中，研究人员可以观察人工智能生成的图像结果，并推断哪些特征对它的决定很重要。

另一种构思依赖于一种本质上扮演了机器—人类翻译器角色的算法。具体来说，该算法可以向人类观测者解释特定的人工智能正在尝试进行怎样的活动。 OpenAI 公司使用该策略来检查用于防御黑客的人工智能算法。这种方法在基础算法之外引入了一个处理自然语言算法，它就是翻译器。翻译器被用于对防黑客算法提问，考察后者的智慧。研究人员可以观察问答部分，并且在翻译器的帮助下了解在防黑客算法的决策背后所隐藏的逻辑。

B

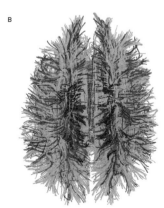
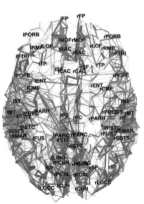
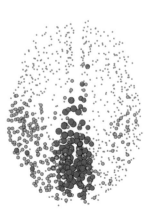

当然，有一些人工智能的决策根本无法得到完整的解释，这也是完全有可能的。毕竟，人类的种种决定通常都包含有直觉因素，受到本能和经验的指引。而对于研究者们来说，他们所面临的问题是在何种程度上，能够让他们的发明去合理地解释自身。

A 这是首个开放给公众使用的量子计算机，由 IBM 的 Q 计算中心搭建。企业和科学家可以使用"奇思科特"（Qiskit）访问该设备，奇思科特是一个模块化的开源编程网络。

B 菲利克斯（Felix）项目由位于巴尔的摩的约翰斯霍普金斯医学院启动，其目的是开发一种检测肿瘤的算法，用于在早期可治疗阶段发现胰腺癌。该算法的开发从实现一个基本功能开始，即教会算法（见本图）来区分各种器官，从而识别胰腺。

随着越来越多的银行和企业雇主开始使用深度学习技术来决定贷款发放和员工雇用事宜，对机器学习去神秘化的需求变得更加迫切。事实上，已经有人主张，拥有理解算法是如何得出结论的能力是一项基本的法律权利。2018 年，法国总统埃马纽埃尔·马克龙宣布，他的政府会将其使用的所有算法向公众开放。在 2018 年 6 月发布的一份指南中，英国要求在公共部门工作的数据科学家和机器学习专家做到让工作内容保持透明公开。另外，欧盟已实施法律，要求各大公司从 2018 年年中开始向用户提供关于其自动化系统决策机制的解释。

A

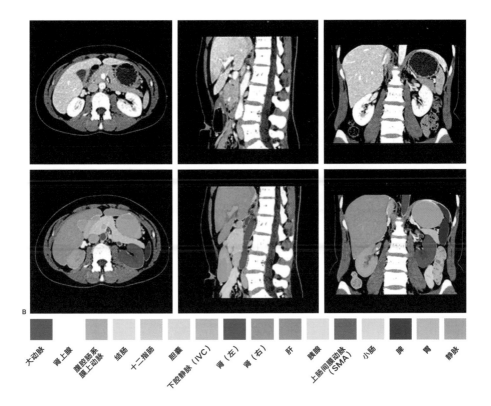

B 大动脉　肾上腺　腹腔肠系膜上动脉　结肠　十二指肠　胆囊　下腔静脉（IVC）　肾（左）　肾（右）　肝　胰腺　上肠间膜动脉（SMA）　小肠　脾　肾　静脉

虽然这一法案目前在技术上还难以实现，但它代表了人们遏制不透明的自动决策的危险后果之一——偏差（bias）的一个初步尝试。要了解偏差是如何发生的，我们可以首先考察一个假设性案例：癌症诊断。打个比方来说，如果最初被用来训练人工智能的原始肺癌 X 射线照片被人类放射科医师用黄点做过手工的标记，那么算法就会将"黄色"与"癌症"关联起来。换句话说，人工智能只能变得和训练它的数据一样好，而如果原始的用来训练的案例有问题，那么算法也会跟着出问题——人工智能学界将这种情况称为"垃圾进，垃圾出"。上面举出的例子是一个很容易识别出来的错误，但其他类似的问题——如训练数据中光照、角度的变化或障碍物的出现——可能会以一种更为微妙的方式将算法引入歧途。

A 研究员乔伊·布欧拉姆威尼
（Joy Buolamwini）亲自上阵，
示例了人脸识别软件中的种族
歧视问题，她发现，戴上白色
面具会提高算法检测其脸部的
能力。
B 预测再次犯罪风险的评估软件
被越来越多的法庭所采用，它
们可以帮助法庭决定关押时间
或给假释提供参考。但是，犯
下类似罪行的人可能因肤色不
同而被贴上完全不同的标签。

A

一个总是做出荒唐决定的算法并不
必然是危险的，因为人们很容易察觉并
处理掉它的错误。还有一个更为隐蔽的
后果，需要我们万分警惕：人工智能算法
可能会根据种族、性别或意识形态隐约
但系统性地对某些人群给予区别对待。

谷歌的第一代自动相片标签系统曾将非裔人误认为大猩猩，激起了人们的
愤怒，就是一个广为人知的负面案例。普洛帕布利卡（ProPublica）在
2016 年对一款用于预测罪犯重新犯罪概率的风险评估软件——孔帕斯
（COMPAS）进行了调查，结果显示，虽然该软件并没有专门针对种族做
出明确设计，但是它依然对黑人抱有偏见。2017 年的一项研究表明，算法
在单词联想中也会表现出偏见：男性更可能与工作、数学和科学联想到一
起，而女性则会同家庭和艺术联想在一起。这些偏见会对就业招聘产生直
接影响。例如，如果一款人工智能程序认为"男性"与"程序员"两个词
有固有的联系，那么，当它在为一个计算机编程职位检索简历的时候，就
很可能会将有着一个听起来像男性的名字的简历排到面试表的顶部。偏见
也同样为翻译软件带来了麻烦。例如，在谷歌翻译将其他语言中的一个中
性代词翻译为英语的时候，如果这个代词在语境中指的是一位医生，它就
会将这个词翻译为男性的"他"（he），而如果这个代词在语境中指的是一
位护士，它就会将其翻译为女性的"她"（she）。另外，语音识别软件在处
理女性声音和方言时效果要差得多，这就使得那些使用非标准发音方式的
社会重要成员受到了排斥。

另外一些算法可能已经以一种不易察觉的方式扭曲了人们接受医疗或保险的类型，改变了他们在刑事司法系统中的待遇，或者对哪些家庭更有可能虐待儿童做出不恰当的预测。偏见和不公正侵蚀了人类与人工智能系统之间的信任，它并不能像人们一开始预测的那样成为一个对社会贡献巨大的均衡器——在从中立的角度做出影响生活的决定这件事上，人工智能可能并不比人类做得更好。果真如此，那么社会为什么认为机器可以成为银行从业者、招聘人员、警察或法官"更公正"的替代品呢？

自动相片标签系统（automated photo-labelling system）
谷歌开发的一项功能，它用人工智能对图像中的面部和其他对象展开自动检测，并用关键字标记每个要素。

孔帕斯（COMPAS）
为替代性制裁措施提供参考的矫正型罪犯建档分析系统（COMPAS = Correctional Offender Management Profiling for alternative Sanctions）。孔帕斯是由北点（Northpointe）公司开发的商业人工智能软件，用于预测特定人员再犯罪的风险。

B

3　低风险　3　低风险　3　低风险

6　中风险　8　高风险　10　高风险

一般情况下，偏见产生是原因并不是那些驱动学习型算法的冰冷、严格的统计方法。人工智能学习者通常只是掌握了训练数据中自带的偏见而已，而这些数据的源头是社会本身。换言之，算法反映的是它们的创造者的偏见，在问题严重时，它们甚至会加深或验证我们已经拥有的偏见。"过滤气泡"就是一个例子：脸书开发的新闻算法总是对那些病毒式投稿偏爱有加，以至于将事实真相都抛诸脑后，这严重影响了公众对社交互动和重大新闻事件的看法。该公司的人工智能使社会关系紧张、加深了政治上的两极分化，引发了极大的愤慨，这使得马克·扎克伯格不得不做出承诺，将从根本上改变算法，以促进"更深入、更有意义的交流"。

通过使用人工智能算法来定位易受宣传影响的选民团体，剑桥分析公司介入了2016年美国总统大选和英国脱欧运动中，这可能已经改变了民主和历史的发展轨迹。此外，随着关于用户偏好和兴趣特征的数据被大量记录下来并得到分析，新

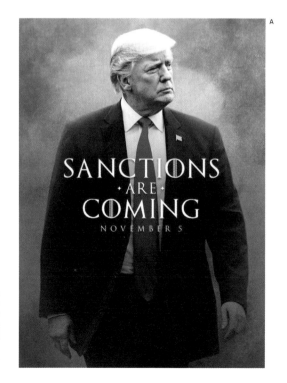

A

过滤气泡（filter bubble）
一种在智性上隔离于外界的状态，它是由线上平台预测用户希望看到的内容并推荐相应的个性化内容所导致的。

病毒式投稿（viral post）
在网上通过链接、社交媒体和其他数字路径得到广泛传播的文本或多媒体内容。以"病毒内容"（viral content）之名广为人知。

A　"权力的游戏"的名句"凛冬将至"被美国总统特朗普以相同的字体用在了这幅图里，用来宣告他在特定日期对伊朗施加制裁的意向。特朗普在推特上正式发布此图后，它就像病毒一样传播开来，并且吸引了很多人对它进行再创作。

B　此图展示了虚假信息可以怎样被安插于人类（蓝色）社会中的机器人（红色）传播出去。

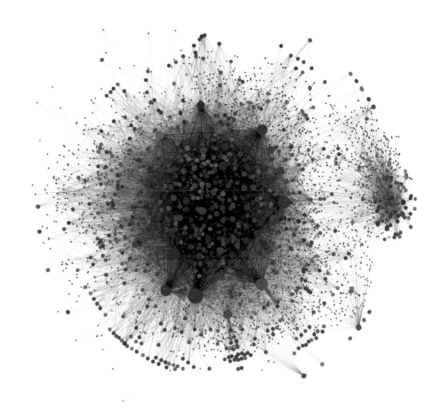

闻和媒体创作者就可以将内容精准投放给被细致区
分出来的各社会群体——这种区分甚至能细到个人
层面。这就给推荐系统以及控制它们的政党打开了
一扇方便之门，让他们能够操纵特定网络人群的想
法和感受。

减少人工智能中的
偏见和不公将是
一场旷日持久的战斗，
随着深度学习应用在
我们社会中的进一步渗透，
这场战斗必将变得更加激烈。

A

目前，我们尚未找到消除偏见的捷径。有人主张，让人工智能算法参数完全透明是解决问题的关键；但是另外一些人认为，这种透明反而会为给政党利用系统牟取利益提供方便。IBM 正在试验一些在决策过程中会引入人类的价值观的人工智能系统，研究人员希望能帮助这些系统找到并理解自身同人类在决策过程中的不一致性。他们的想法是要建立一个拥有道德感的人工智能系统，但是，由于人类价值观各异，"道德"难以界定，这种方式有其内在的困难。一个比较流行的思路是众筹道德感，用普通人做出的各种决定来教人工智能系统如何行动。另一些人则主张拥有不同专业和社会经济背景的团队可以更好地训练数据，帮助我们从根源上消除偏见。

2017 年底，一个名为"IEEE 关于人工智能和自治系统伦理考虑的全球倡议"的组织创建了一个"古典伦理"委员会，目的是要对像佛教和儒家这样的非西方价值体系进行整理，让对于"应该用怎样的价值观来构建一个有伦理感的人工智能"这一问题的回答更加多元化。或许令人工智能开发人员都会感到惊讶的是，人工智能系统正在为人性提供一面镜子，它反映出我们最好的和最糟糕的一些倾向。

偏见只是人工智能系统在社会中可能被不当使用的一个例子，另一个例子是对隐私的侵犯。

最近有报道称，亚马逊发布了一款能在一张图片中追踪 100 人行踪的工具，而美国的警察部门已经开始使用它了。亚马逊还与俄勒冈州的华盛顿县一同开发了一款移动应用程序，执法部门可以用它扫描图像并将其与该县的前科者照片数据库进行比对，这就在本质上将智能手机变成了监控设备。最令人不安的是，这一切都是悄然发生的，我们并未看到多少关于这些技术是否会侵犯到权利并引发社会不公正的讨论，而这些潜在问题对边缘化群体的影响尤其值得我们深思。

IEEE 关于人工智能和自治系统伦理考虑的全球倡议（IEEE Global Initiative for Ethical Considerations） 由世界上最大的技术专业组织 IEEE 提出的一个倡议，其目标是对人工智能的利益相关者进行教育和授权，使他们在生产智能科技时将道德考虑放在最优先的位置。

仅在过去两年中，就有很多探索伦理性人工智能的项目被启动。OpenAI 公司、谷歌深度心智公司的道德与社会研究部门、名为"人工智能合作"（Partnership on AI）的技术产业联盟、英国数据伦理与创新中心，以及卡耐基梅隆大学的人工智能伦理研究中心等组织都敦促工程师们在今后的工作中将伦理考量放在优先位置。这些机构之所以要这么做，是因为他们相信，放任人工智能自由发展将会带来灾难性的后果。

2017 年，由来自学界、民间组织和产业界的二十多位作者共同发表了一份报告，论述了随着人工智能技术愈发强大和普及，它可能会以哪些方式变成邪恶的帮凶。该报告列举了一系列可怕的例子：一辆被盗用的自动驾驶汽车可能会被操纵，撞到人群之中，或者被劫持用来运送爆炸物。感染了恶意软件的大脑芯片或心脏起搏器可能被用于远程暗杀，犯罪分子也可

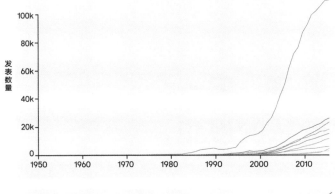

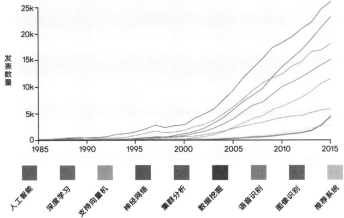

人工智能　深度学习　支持向量机　神经网络　集群分析　数据挖掘　语音识别　图像识别　推荐系统

以用面部或语音模拟技术进行精准定位网络诈骗。该报告呼吁，人工智能研究人员应在其科技产品中设置安全保障，并更为公开地讨论潜在的安全、安保问题。

令人惊讶的是，该报告甚至建议研究人员应该在他们为产品公开发布的内容中隐瞒某些想法或应用方式。如今，大多数研究人员抱有一种公开透明的态度，他们会在博客文章中发布他们的作品，并将代码开源。该领域的许多人认为，对于可能出现的有问题的人工智能应用，更好的策略是揭示它们，并在它们发生前就给出警告，防患于未然，而不是让它们不为人知地被开发出来。事实上，在谷歌为其语音模仿程序杜普雷克斯辩护时，也用了同样的论据：通过发布具有潜在破坏性的人工智能程序，公司就能收到公众关于如何最好地对这种技术加以规范的反馈。

在某些人看来，人工智能从业者中的这种开放氛围似乎有些天真，但它其实在一定程度

上是由该领域的历史造成的。在过去，人工智能所经历的几度沉浮让人们觉得人工智能的应用和改变社会的能力被高估了。对人工智能发展水平持怀疑态度的人相信，有关人工智能道德或伦理的担忧根本没有意义，因为这种技术可能永远不会完全成熟。这些反对者的意见并非空穴来风：尽管最近在自动化领域发生了一次革新，但作为当前人工智能热的主要推手，机器学习算法严重的局限性也已经逐渐显露了出来。如果这些问题没有得到及时解决，导致投资者的期待无法得到满足，那么人工智能的另一个冬天可能就离我们不远了。

B

目前，任何单独的人工智能系统最多只能展示出有限的智能片段。即便研究人员正在将这项技术应用到越来越多的领域中，他们还是越来越意识到他们的极限。局部的障碍物或干扰就能迷惑到面部识别系统。自动驾驶汽车会对从未遇到的路况感到困惑。碰上不标准的口音或表达，翻译系统就会举步维艰。一项评估显示，在灵活处理不断变化的情况方面，顶级神经网络也比人类婴孩的表现还差。一个幼儿能轻松识别一条狗，构造简单的句子，并弄清楚如何使用 iPad。而当任何一个人工智能被要求执行以上三个任务时，倘若它没有针对这三个任务进行过明确的训练，就会通通以失败告终。

根据苹果公司机器学习部门主管约翰·吉安纳安德烈埃（John Giannandrea）的说法，人工智能的危险并不在于它引起机器人大暴动，而在于它们自带偏见又愚笨不堪，却已经接手了社会中的某些工作。

A 麻省理工学院（MIT）开发的运动规划算法帮助我们从飞行空间中划分出无障碍区域。这些区域会被"缝合"在一起，构成自主无人机的飞行路径，避免它们在飞行中发生碰撞。

B 本图中，MIT 的研究人员预先为飞行空间编写了一组"烟囱"形态的飞行空间，这使得飞机有能力检索出无碰撞的飞行路线。这保证了安全性，而无须事先飞过该空间。

C 该图描绘了一种称为神经模块的算法，这种算法可减少灾难性遗忘。它依赖于可开闭的模块化神经网络，这种网络能让旧技在新的学习中得到保留。

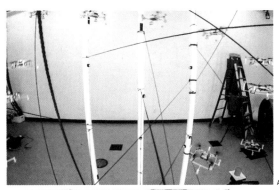

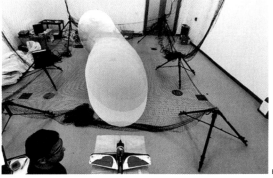

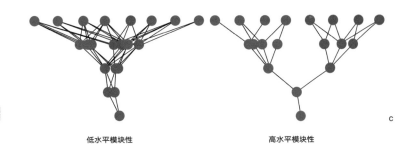

低水平模块性　　　　　　　　　　高水平模块性

灾难性遗忘
（catastrophic
forgetting）
人工神经网络的
一个倾向，即
当学习新任务的
信息时，它会突然
忘记先前的知识。

问题的很大一部分来自机器学习算法的训练方式。在训练之后，深度神经网络会在神经元之间设定一组突触权重，并依赖它们去产生正确结果。这些权重的优化所针对的是且仅仅是那个被用来训练网络的问题。而当这个问题稍有变动的时候，这些权重就不再是最优解了，这就导致算法会输出错误的行为。这种"对某个特定问题的特定突触权重配置"的依赖也造成了另一种局限，即神经网络无法从自己过去的经验中学习。当我们要改变问题时，整个网络就只能从头来过：当下的突触权重会被"重置"，网络会失去对过去学到的经验的"记忆"。这些结果是如此让人沮丧，业界将这种现象恰当地称为"灾难性遗忘"。

一种能够对已习得的多种活动加以灵活概括的人工智能，将会从根本上改变我们现有的关于"智能"的图景。

这样一个人工智能以超出所有人类的水平，驾轻就熟地处理新的问题。泛化（generalization）能力的提升或许会为人工智能下一次腾飞奠定基础，让它朝着数十年来科幻作家的梦想——一个通用的、一般化的人工智能迈进。

A

当你略微对问题做出改变时，真正的智能不会崩溃，它会对新问题敞开怀抱。并不让人意外的是，研究人员正在为了实现这一新的技术飞跃倾注大量的心血。

其中一个例子是深度心智公司的可微分神经计算机（DNC），这是一种带有记忆系统的深度神经网络，同样受到人脑的启发。在用随机关联的图片对它进行训练时，该网络不仅会学习存在于数据中的模式，也会学习如何最大限度地使用其外部存储器。在存储器作为一种"知识库"的作用的帮助下，神经网络可以解决复杂的多步骤问题，这些问题的解决需要用知识进行缜密、谨慎的推理。这种结合使得 DNC 能够破解那些需要理性推理的难题：例如，为穿过伦敦复杂的地铁系统规划一条分为多个阶段的路线。

2017 年，深度心智的研究人员发布了一种称为**弹性权重巩固**的算法，它所建立的神经网络能通过巩固神经通路来模拟人脑保留习得技能的方式。该算法使人工智能

B

A/B 为了提高认知的灵活
    性，研究机构把算法
    放在策略游戏的环境
    中进行训练，这些游戏
    包括刀塔 2（A 图，被
    OpenAI 所采用）和星
    际争霸 2（B 图，被深
    度心智所采用）。
C   深度学习是机器学习的
    一个子领域，而后者又
    是人工智能的子领域。

能在不放弃先前学到的游戏技能的情况下，学习游玩新的雅达利游戏。上述这些例子代表了人们在处理机器学习中两个艰难且有待解决的问题——灵活性和泛化能力上的一些初步努力。

制作具有灵活学习能力的机器的另一个思路是模仿孩童学习的方式。打个比方来说，当我们给一个孩子一份热狗，他会在潜意识中构建出一个关于"热狗是什么？"的模型：一块圆柱状的肉夹在圆面包里。与人工智能不同的是，小孩子无须观察数以百万计的例子就能理解这个概念。OpenAI 正在尝试模仿这种从知识中提取概念的高级过程，这一工作在本质上是要让人工智能算法获得常识。

弹性权重巩固
（Elastic Weight
Consolidation）
由深度心智开发的
一种算法，旨在解决
灾难性遗忘问题。

雅达利（Atari）
一家建立于 1972 年的
公司，总部设在加利
福尼亚州的桑尼维尔。
该公司主要业务是研发
像"俄罗斯方块"和"兵"
这样的街机游戏，同时也开
发家用电子游戏机和电脑。

C

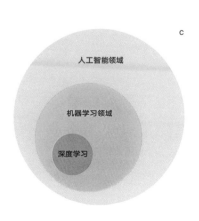

在一项试验中，该团队搭建了一个数字游乐场，同一个人工智能算法会在里面游玩不同的游戏，而在换游戏的过程中，它会把过去的知识带到新的游戏中。在另一个尝试中，他们创建了几个机器人系统，这些系统会观察人类在虚拟现实中执行一个任务。和幼儿会通过模仿成年人来习得技能一样，OpenAI 的机器人在看完一次演示之后便学会了这项任务。纽约大学的一个团队进一步发展了这种思路，他们制作了一个具有好奇心的人工智能，该程序能学着提出智能问题，而每个问题都被系统当作一个独立的微型议题。这一问答模式让算法能够从屈指可数的例子中学习知识，并通过对它已经知道的事情进行推演来构建自己的问题。与此类似，麻省理工学院最近公布了一项全校动员的计划——智能探索（Intelligence Quest），该计划想要通过制作像人类小孩那样学习知识的人工智能系统，对智能展开逆向工程。

在常被称为深度学习之父的杰弗里·辛顿（Geoffrey Hinton）看来，现有的技术问题只是一种"暂时的烦恼"。如果他是正确的，那么人工智能可能注定要扮演比个人助

A　通过教人工智能学会提出丰富而有趣的问题，系统已经能自发形成认知模型，从而游玩像海战棋（Battleship）这样的游戏了（见此图）。人工智能能学会哪些问题是有意义的，并在该特定的游戏领域中进行综合、提出新问题。

B　这一威胁监控系统是基于人类的"条件恐惧反应"而设计的。它利用机器学习来侦测在海上防空、计算机网络防御和自动车辆安全等领域出现的异常或威胁状况。

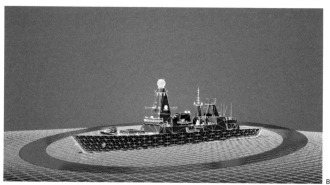

C 灵魂机器（Soul Machines Ltd）是一家成立于奥克兰生物工程研究所的公司，它正在设计大脑和脸部的自主互动模型，来实现更加富有表现力的人机交流。宝贝X（BabyX）项目（见图）是对虚拟婴儿的一个心理—生物模拟，它让研究人员能够实时地分析视觉和听觉上的输入，并基于神经科学来生成恰当的反馈。该系统还用一个符合解剖学的界面实现了对程序的内部处理的可视化。

c

理、司机或病情诊断师更为重大的角色。它可能会不可逆转地改变社会的肌理以及我们人类在社会中的位置。如果人工智能获得了有机成长的能力，进行自学，甚至实现自我复制，那么我们就有理由认为，人工智能个体之间可以自行展开交流，并形成它们自己的人工智能集体。

随着人工智能的成熟，
社会需要去解决的
最大的绊脚石是伦理问题。

4. 人工智能的未来
The Future of AI

A

B

2017 年，日本的软银（SoftBank）公司在东京开设了三家实验性质的咖啡店。在正常情况下，这几乎算不上什么新闻。这三家商铺之所以引人注目，是因为它们的服务工作完全由一个叫佩帕（Pepper）的人工智能完成，作为由这家电信巨头投资开发的人形机器人，佩帕可以用自然语言与人类进行互动。这些机器人配备有多向轮、一对手臂，而安装在胸前的平板电脑可以帮助客人输入信息，它们可以识别常客的面孔并记住他们偏好的咖啡种类。此外，它们也能探测到像开心、悲伤、愤怒或惊讶等表情，并推断出顾客的整体情绪。

这个原本看似讨人喜欢的实验在媒体上引发了一场轩然大波，一些报道宣称，我们正在见证"机器人启示录"的开始阶段。这些报道里所讲的故事并非完全荒诞不经：毕竟，各行各业已经感受到了人工智能的革命性力量，而得到人工智能支持——甚至彻底被人工智能接管的工作的清单也正越拉越长。

c

D

机器人启示录 (Robopocalypse）这个术语被用来描述人工智能彻底取代人类的反乌托邦未来。它来自一本在 2011 年出版的同名科幻小说，由丹尼尔·威尔逊（Daniel Wilson）以英文现在时态写成，书中刻画了失控的人工智能。

物联网（Internet of Things）这个术语被用来描述那些安装在像冰箱这样的日常电子产品或电器中的互联设备，它们可以借助因特网相互收发数据。

A 这是佩帕在日本国际葬礼和公墓展中主持佛教殡葬仪式。

B 这款人形机器人可以在一组传感器和智能程序的作用下与消费者进行互动。

C 佩帕的机器人技术同增强现实技术"全息镜"（HoloLens）被组合到一起，用来在宫崎机场引导旅客。

D 在中国香港，为了提高服务质量，商家采用佩帕来欢迎旅客。

随着人工智能算法在社会中的加速渗透，它们在未来有可能会充当起个人助理和旅行社的角色。像 Siri 或阿蕾克萨（Alexa）这样的语音响应系统可以与推荐系统无缝衔接，变成一位可以完美理解人类需求的数字助理。在 2015 年底，OpenAI 发布了一个在线的训练平台，它可以帮助人工智能算法去学习任何在线上数字世界中可能实现的事情。在提到未来的前景时，该公司用了一个人工智能旅行社作为实例。一家未来的人工智能旅行社通过对来自社交媒体渠道的评论进行评估，可以对旅行日期给出建议，让旅客享受最优惠的票价和口碑最好的酒店。人工智能还可以在出发前给用户播报天气动向，并根据航班时间自动设置"休假中"的通知。此外，人工智能还可以用自然语言与当地旅游从业者交谈，帮助旅行者订购景点门票，并为他们的交谈进行翻译。

此外，通过将人工智能和物联网整合到一起，智能手机、汽车和家用电子产品将能够轻松地实现互相交流。例如，智能冰箱可以读取用户的日历并通知智能手机，家里需要鸡蛋做下一顿晚餐。接着，智能手机就可以让自动驾驶汽车回家时在杂货店做短暂的停留。

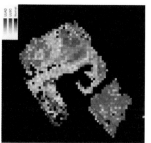

A

物理世界与电子世界的融合吸收了繁杂的生活琐事的压力，用户的生活质量将因此提高。

医疗护理领域已为一场即将到来的洗牌做好了充分的准备。随着人工智能诊断系统准确性和透明度的提高，它们可以同电子病历和自动分诊系统结合在一起，流水线化就医流程。例如，在紧急求救电话中采用人工智能进行语音分析，可以对心脏病发作或创伤后应激障碍这样的疾病进行预诊，从而帮助急救人员做好充分的准备。

曾开发出一种能够诊断皮肤癌的人工智能的德国计算机科学家塞巴斯蒂安·特龙（Sebastian Thrun，1967— ）相信，人工智能将会成为专业的医疗人员的得力帮手，为其提供医学知识和工作协助。与没有同情能力的机器不同，放射科医师和病理学家在诊断过程中经常问许多问题，以便了解造成疾病的根本原因。在自动化助手的辅助下，医生可以对诊断过程进行监测，运用他们的经验和直觉来评估机器的输出。不过，为了安抚患者，让他们接受这种新式治疗，保留医生的亲自参与将依然是至关重要的。在可预见的未来，人类医生仍将拥有最终的决定权。如今的问题是，我们应该如何将人工智能工具以一种最好的方式整合在医生们的实践中。

对大众而言，人工智能所拥有的对大量健康记录和科学文献进行挖掘的能力会最终实现个性化的治疗。例如，通过将患者癌细胞的基因表达同过去的病例报告进行比对，人工智能可以推荐适合于这位特定患者的药物和剂量，从而保证为患者量身打造细化的治疗方案。

A 纽约大学开发的一种算法（右）对一片癌性肺组织（左）进行分析，辨别出两种不同类型的肺癌，准确率为 97%。人工智能又进一步确认了组织中是否存在六种常见的异常基因，这有助于化疗策略的制定。

B 该仪器使用计算机成像技术在不同皮肤层探测皮肤的分子构成，从而在几秒钟内发现和诊断皮肤癌。加拿大的欧几里得（Euclid）实验室将深度学习和深层组织扫描进行结合，无须活检就能识别早期癌症。

C 像德姆莱特（DermLite）这样的皮肤镜设备为智能手机安上了强大的镜头和 LED 照明功能，以帮助人们随时检测皮肤癌和其他皮肤病。更快的移动设备处理器和更高效的人工智能算法，正在将智能手机变成智能诊断工具的可能性逐渐转变为现实。

在获得持有人同意的情况下，通过分析智能可穿戴设备的数据，人工智能可以帮助创建大量人口的数据库，提供流行病传播的信息并指导公共卫生政策。

为了早日将人工智能在医学领域的远景化为现实，各国政府正在积极鼓励研究并提供资助。最近，英国首相特蕾莎·梅（Theresa May）宣布，该国计划花费数百万英镑来开发可以检测癌症的人工智能算法。这项计划的目标是要在 2033 年之前让人工智能为 50000 名癌症早期患者确诊病情，这些癌症包括前列腺癌、卵巢癌、肺癌和肠癌。而美国食品和药物管理局已经对三种分别能诊断手腕骨折、眼疾和中风的人工智能系统进入市场予以了批准，该机构目前正在制定新规则，以加快人工智能设备及工具的审批。

A

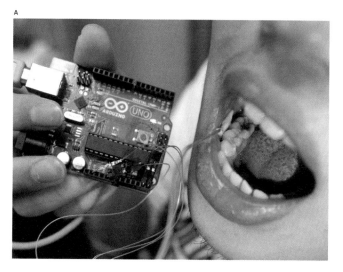

A　2013 年，中国台湾开发出了智能牙齿传感器。它将一个加速规连接在牙套上，使用算法跟踪咀嚼、抽烟、吞咽或呼吸等口腔活动，准确率接近 94%。

B　在新加坡，通过使用增强型自动通关系统，人工智能减少了通关的排队时间，该系统让该国的公民、永久居民和登记旅行者都能凭借生物识别数据进入该国。

B

政府支持、公司利益和学术兴趣的结合是持续推动人工智能快速增长的强大力量。近代以来，技术革命都一直在摧毁人类的工作岗位，而通过将自动化的过程本身自动化，人工智能无疑将在人类的未来留下印记。

智能可穿戴设备（smart wearable device）一种供消费者佩戴的电子设备，例如智能手表或运动记录仪。这些设备通常内置智能功能，如帮助人们管理其糖尿病或日常用药的应用程序。

世界经济论坛（World Economic Forum）成立于1971年的一家非营利性的瑞士基金会，为全球性、区域性和行业性的话题制定议程。该论坛会邀请商人、政治家和其他领域的领导人共同探讨紧迫问题，例如地缘政治问题和环境问题。

世界经济论坛于 2018 年年初发布的一份评估报告显示，未来八年，美国将有 140 万个就业岗位被自动化所取代。全球第二大专业服务公司普华永道（PwC）最近的另一份报告则预测，到 2030 年，将会减少超过 40% 的工作岗位。美国咨询公司麦肯锡全球研究所（McKinsey Global Institute）估计，在未来 20 年中，全球几乎有一半的就业岗位会陷入岌岌可危的状态。

这些可怕的预测使得人们重新开始关注设置全民基本收入的话题。硅谷对这项计划热情饱满；科技巨头们，如埃隆·马斯克和马克·扎克伯格，都支持这一想法。YC（Y Combinator）公司的总裁山姆·阿尔特曼（Sam Altman，1985— ）正在资助试点测试，对无条件接受金钱资助的人的行为进行观察。从 2019 年开始，YC 将在三至五年内向 1000 人每人赠送 1000 美金，以进一步测试该计划。此外，欧盟议会提出了对机器人征税的想法，他们认为，机器人应该缴纳所得税，这将为全民基本收入提供资金，作为公平分配全世界人工智能所产生的财富的一种方法。然而，另外一些人却担心，除非自动化大大增加了社会的财富——这并非必然发生——我们可能会在一个大规模失业和贫困的时代中萎靡不振，这一想法被称为"技术性失业"。不仅如此，即使我们的基本开支能够得到保障，但当我们失去了工作和事业的时候，我们对自身的存在价值又会怎么认识呢？

虽然大多数专家都承认，全面的自动化就是我们的未来，但是并非所有人都接受上述这种宿命论的悲观看法。

A　丰田的工业机械臂每天要组装约 1400 辆汽车，这些机械臂提高了产品质量、产量和安全性。用机器人进行大规模的商品制造现在已经不是什么新鲜事了。

B　2016 年，尽管有草根运动的推动，瑞士人民还是以压倒性的票数驳回了全民基本收入的提案。芬兰、荷兰和加拿大正在制定试点计划，以在小部分人口中检验这一概念。

A

一些人认为，人工智能能让我们不用再进行枯燥乏味的工作，由此产生的闲暇可能会成为人类历史上最大的一次解放。将工作外包给机器并不是什么新鲜事，在过去 200 年的经济史中，人类一直在这样做。正如之前的每一次革命创生出了新的工作（例如人工智能程序员和机器人工程师）一样，人工智能系统会让人们想象出新形式的雇佣方式和职业形态。

全民基本收入（Universal Basic Income）一种福利计划，根据这一计划，政府会为每个公民定期提供无条件的生活资助，不论其收入或社会经济状况如何。

YC（Y Combinator）一家成立于 2005 年的美国公司，为创业公司提供初始资金、建议和业务联系。该公司资助的成功案例包括文件存储服务商多宝箱（Dropbox）和从事房屋租赁的爱彼迎（Airbnb）。

技术性失业（Technological unemployment）它指的是由于自动化等技术进步而导致的广泛失业。这个想法是由英国经济学家约翰·梅纳德·凯恩斯在 20 世纪 80 年代提出的。

B

A

2017 年，麦肯锡估计，通过减少人为错误、提高生产质量和效率，完成超出人类能力的任务，自动化将每年提高 0.8% 至 1.4% 的生产力增长速度。当许多国家的工作年龄人口快速下降时，人工智能系统可以抵消这一现象对生产力的下降造成的影响。该报告还预测，由人工智能引起的劳动力转移将会和 20 世纪时技术型工作取代传统务农一样。正如过去的转移并没有导致长期的大规模失业一样，人工智能革命也不太可能造成这一结果。

白痴学者（idiot-savant）
用来指称学者症候群的一个术语。这类人表现出明显的精神障碍，但又拥有远超常人的其他能力，通常与记忆或艺术能力有关。

目前，没有什么证据表明人工智能正在改变整个就业市场：自动化尚未让生产率得到显著提高，劳动力市场的情况也正在改善。

B

A 在中国农村，无人机正在进行农药喷洒。在这个社会需要用更少的资源去生产更多粮食的时代，人工智能可能会彻底改变农业。

B 2016 年，凯斯公司（Case IH）揭开了第一款高马力、无驾驶室拖拉机的面纱，它由农民使用平板电脑进行远程操作。配置了人工智能的拖拉机和农业工具可以大大地提高生产力。

最近，一份关于机器人在 17 个国家中对制造业和农业所产生的影响的报告显示，机器人并没有减少人类工作的时长，事实上，它还提高了人们的工资。之所以会这样，一部分是因为今天的人工智能系统并不是特别智能，因此对于自动化到底会如何改变未来，我们其实只能模糊地瞥见未来之一角。人工智能系统若要大规模地取代人类工作，那么这项技术必须变得比我们今天所拥有的这些白痴学者（idiot savant）更加聪明才行。除非机器学习的那些问题都能得到充分解决，否则人工智能系统很有可能将一直都只能扮演一位勤劳、热情的实习生：它在特定的工作上做得很好，但总是需要管理层的监督和指导。在人工智能发展到和人类能力不相伯仲之前，人类仍将处于管理地位。

对于人类水平的人工智能是否会成为现实这个问题，历史并没有急着为我们揭开答案，但是确有不少的人工智能研究人员、哲学家和未来学家都相信，通用人工智能会在不久的将来变为现实。由雷·库茨魏尔（Ray Kurzweil）在其畅销书《奇点迫近：当人类超越生物学》（*The Singularity Is Near：Humans Transcend Biology*，2005）中推广开来的"奇点说"，对人工智能达到人类智能水平的时间做出了预测。而这一卓越的成果将迅速造成"超智能人工智能"的崛起，最终导致人类文明发生莫测的巨变。

尽管奇点说的支持者对这一惊天事件的后果各自抱有不同的意见——有人觉得这将是实现全球乌托邦的一个契机，有人认为这将引发危及人类存亡的灾难——但他们却都认为，奇点的到来已不再遥不可及。在最近进行的一系列调查中，人工智能界的专家被问及，如果能够保持当前的技术进步速度，我们何时能够看到人类级别的机器智能诞生。平均而言，他们认为突破在 2022 年发生的概率是 10%，在 2040 年发生的概率是 50%。而到 2075 年，这个数值上升到了 90%——奇点几乎已经无法避免了。当被进一步问到，在通用人工智能实现之后，超智能人工智能需要多久才能实现时，有 75% 的受访专家估计这只需要花 30 年。换句话说，在 21 世纪下半叶，我们有望见证技术奇点的来临。

请注意，这些预估背后的关键假设是，技术可以继续以目前的速度发展。到目前为止，计算能力确实得到了指数级的增长。正如英特尔联合创始人戈登·摩尔（1929— ）最早指出的那样，在过去的五十年中，计算机芯片在计算能力方面的成长速度非常稳定。到目前为止，芯片行业一直都和摩尔的预测一致，但有证据表明，我们正在接近瓶颈。芯片制造巨头英特尔在2016 年预测，硅晶体管在五年后将不会再继续缩小尺寸了。

超智能人工智能（super-intelligent AI） 一种假设中的人工智能，它可以在几乎任何值得关注的领域——例如科学创造力，一般性的推理能力和直觉——拥有超越所有人类心智的智能能力。超智能人工智能系统是否真的会出现仍存争议。

摩尔定律（Moore's law） 指的是戈登·摩尔在 1965 年的一个观察，即每年人们在单个芯片上安装的晶体管数量都会翻一番。1975 年，摩尔调整了进程预测，主张每两年会翻一番。

由于正是英特尔公司在向谷歌和微软等公司供应后者服务器的芯片，因此硬件发展的放缓或完全停滞将极大地妨碍通用人工智能的发展。已经有证据表明，在过去几年中，世界超级计算机的速度停滞不前，这表明这些强大的机器正在感受摩尔定律逐渐失效带来的痛苦。

A 这是瑞萨电子公司的一位员工在位于日本常陆那珂市的那珂晶圆制造厂工作的场景。这家公司是世界上最大的微控制器制造商之一。

B 这是亚力克斯·嘉兰（Alex Garland）的电影《机械姬》（*Ex Machina*，2014）中的一幕，该电影对机器意识展开了思考。深度学习概念的广泛传播再度掀起了人们对机器中思维和意识构成的讨论。

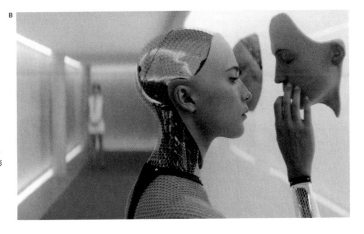

这些挡在眼前的绊脚石
引发了人们对翻新计算机芯片
整体架构的浓厚兴趣。

当前的硅芯片（例如 **CPU** 和 **GPU**），并未针对深度学习算法的运行进行优化。近期，芯片制造商和人工智能巨头一直在探索制造神经形态芯片的可能性。这些芯片将使用模拟大脑神经元和突触的电子元件来处理数据，构成硬件形式的人工神经网络。神经形态芯片并非只是去运行深度学习的算法，而是要在硬件层面上实现一切。

A

A　英特尔的神经形态芯片"罗希"（Loihi）采用了一种基于大脑而设计的计算机制，称为"非同步脉冲"（asynchronous spiking），以从环境反馈中进行学习。该芯片的学习速度比解决类似任务的当前硬件快约 100 万倍，效率高 1000 倍。

B　英特尔的神经网络处理器涅槃（Nervana）于 2017 年底推出，该芯片承诺能为人工智能算法提供更高的性能和更好的可扩展性。这一人工智能硬件拥有为深度学习量身打造的专用架构，与当前受青睐的人工智能硬件 GPU 相比，大幅提高了用电效率。

B

CPU 中央处理器（Central Processing Unit）
通过执行计算机程序来处理数据，是一台计算机的核心组成要素。

GPU 图形处理器（Graphics Processing Unit）专门处理图像的电路。它可以并行处理多个数据块，从而减少计算时间。

相变材料（phase-change material）这种材料会在固体、液体和其他物质形态之间改变，以回应环境中发生的变化（如温度变化）。

神经形态芯片通常在很小的体积内包含多个计算核心。与生物神经元类似，每个核心负责处理从多个来源接收到的输入信息，并进行整合。如果输入信息的总和达到阈值，核心就会生成输出信号。这种计算方法与今天的计算机有着本质性的不同，后者具有独立的内存和处理单元，神经形态芯片则将这两个单元紧密地整合到了一起，显著地降低了功耗。与现今线性运行的 CPU 不同，神经形态计算核心能够形成并行操作的蛛网式网络，从而使芯片快上加快。

2014 年，IBM 也开始尝试开发神经形态芯片，制造出了 SyNAPSE 芯片；这是一种"认知芯片"，其架构设计受到大脑启发，拥有包含 54 亿个晶体管和 4000 多个神经突触核心。虽然它是 IBM 创建以来制造的最大芯片，但它在实时运作中仅耗能 70 毫瓦，远低于传统硅芯片水平。几年后，该公司又利用相变材料来模仿生物神经元的放电模式。

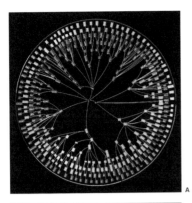

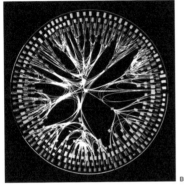

A/B 这两幅图展示的是猕猴脑中的白质通路。神经科学正在进行大规模的神经追踪工作，以理解大脑的功能和组织形式。

C 这幅受到猕猴大脑的启发制作出来的霓虹色漩涡被人们用来设计一种新的计算机芯片。

相变材料的使用使得研发团队可以将芯片缩小到纳米尺寸，并让它以极低能耗快速执行复杂运算。普林斯顿大学在 2016 年公布的另一种思路则完全舍弃电力，转而使用光子为具有多个"神经元"的神经形态芯片供电。一系列实验表明，纳米光子芯片与深层人工神经网络的学习方式类似，但却是以光速运转的。在同传统计算机的比对测试中，光子神经网络解决数学问题的速度比前者高了近 2000 倍。

还有研究团队使用与人脑具有生物相容性的有机材料进行人工突触的开发。由斯坦福大学和桑迪亚国家实验室开发的电子设备 ENODe 对生物突触的计算方式进行了模仿。该芯片的微型版本有望将能耗降低数百万倍，同时又能

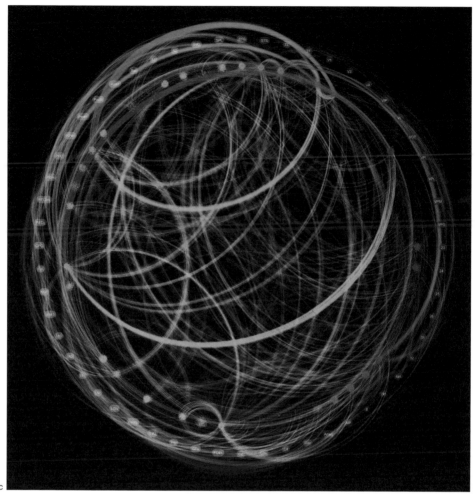

c

够直接连接到生物大脑，构建更优的**脑机接口**。近期，美国国家标准与技术研究院的科学家也发布了一种可以比人脑更快、更有效地进行计算的神经形态芯片。

生物触突（biological synapse）大脑中两个神经元之间的连接点，允许神经元使用电信号或化学信号相互通信。

脑机接口（brain-machine interface）一种将脑组织与外部电子设备（例如计算机或义肢设备）直接连接的系统。该系统可将大脑中的电信号转换为计算机命令，反之亦然。

更令人兴奋的是，我们也看到了用外部或植入的电子芯片修复或扩展人脑功能的可能性。

原型神经修复术已经成功让瘫痪的病人再次行走，也成功地让盲人恢复了一定的视力。这些系统通常由直接植入大脑的一系列电极组成，这些电极记录神经信号并将其传输

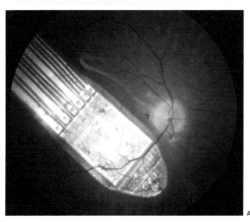

神经系带（neural lace）
由细网格构成的脑植入物，可与计算机无线通信，并按需释放化学物质。根据假设，该装置可以帮助治疗神经退行性疾病，例如帕金森病，或者直接将义肢与大脑联系起来，这样佩戴者就可以用大脑进行指挥，移动他们的人造身体部位。

A

B

A 人们正在开发可植入型视网膜假体，如此图中的阿尔法 AMS（Alpha AMS），为盲人恢复基本视力。这些植入物通常是一些微芯片，它们可以直接刺激眼睛的健康部分，允许视觉信息沿视神经传递到大脑中。

B 光遗传学使用光来控制经过基因改造的神经元，以在其细胞膜上表达光敏蛋白。不同频率的光会改变受损运动神经元的活动水平，该方法已被用来抑制小白鼠的帕金森病症状。

到外部计算机，计算机会用人工智能来分析这些信息。用户的意图——如移动义肢——会被解码为一个计算机程序，最终实现手臂的移动。而另一个类似的系统则进行相反的工作：它能将义肢装置所体验到的感觉传递回大脑。

为了最大限度地减少将电极用手术植入大脑带来的创伤，科学家们正在努力将可直接插入大脑记录电信号的探测器做得更小、更安全、更高效。2016 年，某团队开发出了"神经尘埃"（Neural Dust），这是一种和尘埃一样大小的无线传感器，它由超声波驱动，可以以最小的组织损伤插入大脑，刺激神经元活动。还有一些研究人员开发出了使用磁铁来记录和复制神经通信的方法。2017 年，马斯克和人合伙创立了神经链接公司（Neuralink），这家创业公司正在开发一种名为"神经系带"（neural lace）的新型脑植入物。

虽然目前还没有什么证据表明记忆或个性等更高级的功能可以存储在植入芯片中，但科学家们正在迅速破译大脑中电信号的信息内容，却是一个不争的事实。而这个过程中，就是一个对人工智能技术迅速采纳的过程。在今天，基于大脑活动粗略地破译梦境内容抑或重建记忆中的面孔的技术，其实已经存在了。

更令人兴奋的是，对一小批患者进行的一系列初期研究表明，与学习任务相关的神经回路内的信号可以被计算机记录下来，在用人工智能分析之后，经由植入电极传回大脑。通过对使用大脑自己的电子编码的神经元施加刺激，该团队成功提高了被试者们在相关任务上的学习效率。不难想象，在未来，我们的一些思维将可以被自动地外包到计算机上，虽然实现这一功能是以进行让人却步的大脑手术为前提的。

A　军方对使用非侵入性脑机接口来训练士兵十分感兴趣，目前已经开发出用于解析大脑活动的高级算法，运用这些算法，人们只用脑波就可实现更精细的设备操控。

B　谷歌的云张量处理器（tensor processing unit = TPU）荚组（pods）为研究人员提供了强大的硬件来构建新的机器学习模型——这些模型通常需要大量的计算资源来训练和运行。

A

另外，同大脑兼容的芯片的开发，还可能带来关于大脑参与的基本计算的新理解。然后，这些信息可以被用来设计专门为深度学习而进行优化的计算机芯片——这些芯片本身就是以大脑的神经计算为模板而开发出来的。

当下，大多数的神经形态芯片仍然是实验性质的。这是由于许多设计都依赖于带有特殊要求的材料（如需要保存在液氮中的材料），且生产成本高。它们是否能够走出实验室，应用到现实问题上，尚有待观察。不过，人们对这些芯片的兴趣很高，并且每隔几个月就有新的开发进展。除了神经形态计算的研发，包括安谋（ARM）和英伟达（Nvidia）在内的大型芯片公司也在朝着制造支持机器学习的计算机芯片迈进。而谷歌等公司正在内部开发他们自己的解决方案：同英特尔处理器相比，谷歌的张量处理单元微芯片在执行机器学习任务时，运行速度是前者的 30 倍，功耗效率是前者的 80 倍。包括亚马逊、脸书和微软在内的其他科技巨头也正在加入这场竞赛，寻找能够支持通用人工智能的更优秀的计算硬件。

B

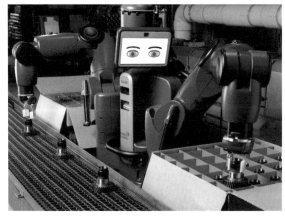

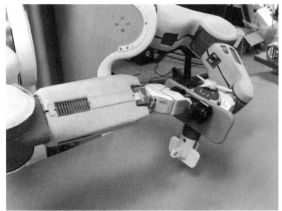

这些努力是对人工智能发展会再度停滞的有力反驳——至少在硬件领域是如此。不过，一个更迫切的问题是，深度学习这一目前人工智能的主要驱动力是否会很快达到其极限。仅仅依赖于一种理念进行研发的做法是有内在局限性的，这是因为任何理念都有其独特的优势和劣势。

正如葡萄牙人工智能研究者佩德罗·多明戈斯（Pedro Domingos，1965— ）在他的作品《大演算》（*The Master Algorithm*，2015）中所解释的那样，通用人工智能很有可能实现的方式是将不同的机器学习阵营整合在一起：如深度学习加上进化算法，抑或贝叶斯法加上符号推理等。像深层强化学习这样的"混血儿"其实已经被证明比它们的父母辈更强大。尽管合并来自不同理论阵营的算法在概念层面上颇有挑战性，但多明戈斯认为，整合——而非在深度学习上押下全部赌注——是成功的关键。

在计算机科学之外，一些相邻的领域也正在为思想提供新的食粮。例如，计算神经科学提供了从人脑中分析出来的不少算法，成为了机器学习研究者们灵感的源泉。随着神经科学迎来其大数据时代，它对机器学习的催化作用很有可能会变得更为巨大。

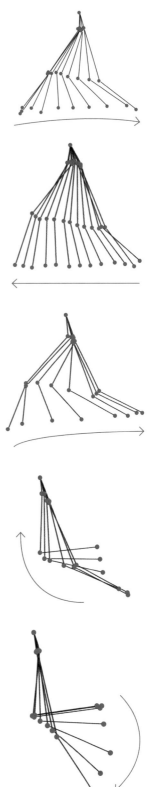

c

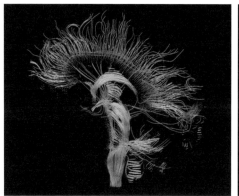
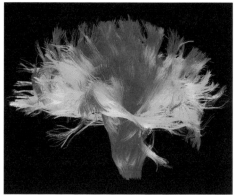

A

由欧盟领导的人类大脑计划（Human Brain Project）于 2013 年启动，它试图在一台计算机内模拟大脑的 850 亿个相互联结的神经元。该项目已经获得了 20 亿美元的投资，其研究内容处在大脑测绘、计算神经科学和机器学习三者的交叉点上。它的主要目标是在三维图中重建整个大脑及其神经网络。在理论上，重建会带来的结果是，作为复制对象的大脑在数字维度中被再生出来——包括智力和记忆这些功能也同样如此。然后，这个数字大脑会被上传到一个虚拟环境中与世界展开交互，或者被安装到机器人上。

全脑仿真技术并不要求科学家在复制大脑时理解智能运作的原理，它只需要用**大脑映射**技术来足够详细地重建大脑。不过，目前几乎没有证据表明，在数字环境中复制出来的大脑结构能够自动地形成一个达到人类水平的人工智能。由于大脑中的联结总是在不断变化，因此科学家们还需要弄清楚这些联结是如何随着环境而变化的。此外，由于这种达到人类水平的人工智能是基于人脑的运作模式而制作出来的，这可能会限制这种技术朝着超级智能的进一步发展。虽然——特别是对于那些认为在未来"杀人机器人"会毁灭人类的人来说——这个限制或许并不是一个缺点，但它确实会给想要进一步开发人工智能技术的下一代研究者带来挑战。

全脑仿真（whole brain emulation）在计算机内重建某特定大脑的心智状态的过程，尚处在理论假设的阶段。由于信息是被存储在大脑神经元的联结之中，一些科学家认为，以数字方式重建大脑的联结也将重建原初的心智能力。

大脑映射（brain-mapping）指神经科学中的一系列技术，用来详细研究神经系统内部的解剖结构和相互联结。通常，大脑会被切成薄片，并在显微镜下成像，让科学家们可以仔细对神经联结进行检查。

神经编码（neural code）指的是神经元中的信息处理，通常与神经元集群的电信号如何产生特定行为和思维有关。

A　人类大脑连接组计划 (Human Connectome Project) 是为破译人脑中功能性联结的完整细节而进行的首次大规模尝试。

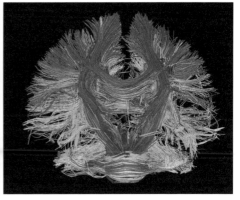

其他研究者想要通过
从大脑中"提炼"出其主要算法
来加强智能机器，而不是
简单地复制人类大脑。

这种思路的关键并不是去重现大脑内的物理连接，而是去模仿其功能性的运作方式。最近，美国政府资助了一个名为 MICrONS 的价值 1 亿美元的项目，这是由前总统巴拉克·奥巴马发起的布瑞恩计划（BRAIN Initiative）的一部分，该计划的目的是要开发新技术，增进我们对大脑的理解。这个项目有着明确的目标，即使用哺乳动物大脑皮层中的生物算法来革新机器学习技术。通过对哺乳动物处理视觉刺激的大脑区域——视觉皮层的研究，MICrONS 希望能够将大脑的感知计算精炼为用数学来表达的、可以被输入到机器中的"神经编码"。通过这种方式，科学家们可以利用人类大脑中现成的算法来发明更聪明的机器，这些机器能够像人类一样熟练地处理图像和视频。在人工智能系统陷入苦战的其他一些领域，如语音辨别和灵活推理，相似的策略也能提供助力。

A

A 拥有增强学习能力、
能进行各种身体活动
的机器人会变得越来
越精致（如此图），这
就是人工智能的未来。
然而，为了得到社会
更为广泛的接受，研
究人员首先需要解决
"恐怖谷问题"。

B 自学成才的发明家陶
相礼的自制机器人表
明，机器人学将不会
是一小批专家的特权
了。这台机器人可以
用简单的方式移动它
的肢体并模仿人类的
声音。

神经形态芯片、模仿大脑的软件、新颖的机器学习算法以及其
他各种想法强强结合形成的混合体，最终可以实现人们数十年
来的梦想：一个通用的人工智能。一旦达到人类智能水平，这
些新式的人工智能系统可以以人类程序员无法达到的速度去测
试各种算法和点子，从而开发出更加智能的系统。

通用人工智能实现之日，我们的社会将见证一次技术爆炸，超智能的人工智能将会在这次爆炸中诞生。

超智能的人工智能或许是一个让人
害怕的概念。这是因为，在理论
上，这些系统可以学习关于这个世
界的任何知识，看上去几乎不可避

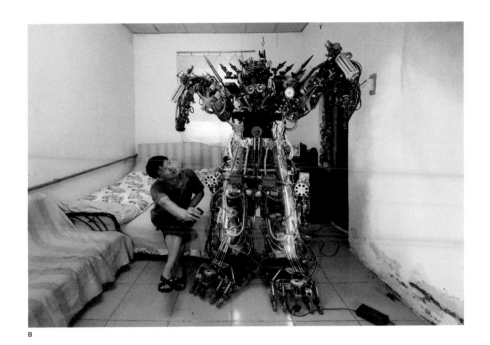

B

免的是，它们会出于自己的利益而决定消灭人类。在2014年举办的埃尔若阿斯特若百年学术研讨会（Aero-Astro Centennial Symposium）上，马斯克将人工智能称为人类"存在的最大威胁"，并呼吁人们加强监管，"保证我们不犯下非常愚蠢的错误"。

不过，并不是人人都持有这些观点。在斯坦福大学的"百年人工智能"报告中，研究小组称"没有发现任何理由担心人工智能对人类构成了迫在眉睫的威胁"。普林斯顿大学计算机科学教授玛格丽特·马托诺西（Margaret Martonosi）指出，在看待拥有巨大社会效益的技术时，"先考虑威胁"的思维方式是错误的。在2014年发表的关于"人类智能级别的人工智能对人类的长期影响"的调查中，大约60%的人工智能专家认为其结果将是"非常好的"或"总体上是好的"。超级智能系统威胁到人类存在的风险虽然得到了不少新闻媒体的报道，但人工智能专家认为，这是将人工智能带给世界的诸多负面后果中最不令人忧心的一个了——最令人担忧的应该是失业和社会偏见的增加。

A

尽管人工智能已经比人类有史以来掌握的其他任何工具都更加强大，但它仍然是一种工具，旨在满足其创造者——人类的利益。与任何其他工具一样，该技术本身并不是好的或者坏的。智能并非动机：人类控制"目的"，除非有人进行明确的编程，算法本身并没有意志。即使在未来，人类将机器学习编程的任务外包给人工智能系统，我们将仍然是人工智能运作的最终目的的决定者，而这个目的就是造福人类。用来下厨的人工智能可以对不同的烹饪方式进行组合，做出各式菜品；它甚至可以通过概括自己知识来发明新的食谱。但是，它不会突然"决定"谋杀它的主人或让房子着火。

算法是从训练数据中学习的，除非一些心怀不轨的人类程序员决定将谋杀和纵火设为可追求的目标的一部分，否则这些行为永远不会在人工智能身上发生。

通用人工智能（甚至超智能人工智能）并非全知全能。与任何其他智能存在一样，根据它所要解决的问题，它需要学习不同的知识内容。负责寻找致癌基因互作的人工智能算法不需要识别面部的能力；而当同一个算法被要求在一大群人中找出十几张脸时，它就不需要了解任何有关基因互作的知识。通用人工智能的实现仅仅意味着单个算法可以做多件事情，而并不意味着它可以同时做所有的事情。

A 莫雷机器人公司（Moley Robotics）生产出了世界上第一个机器人厨房，在这个厨房中，一双先进的全功能机器人手臂被整合到了厨房基本配置中，充当主人的副厨师长。该系统在国际机器人展汉诺威工业博览会（Hannover Messe）上颇受欢迎，其消费者版将包括一个食谱集。

B 这是科幻电影 2001 太空漫游（2001 : A Space Odyssey，摄于 1968）的剧照，这部电影向普通观众介绍了一个拥有感知能力的人工智能的构想。具有谋杀倾向的 HAL 9000 计算机在电影中虽然最后被关机了，但却引发了对于开发人工智能的伦理性和安全性的科学争论。

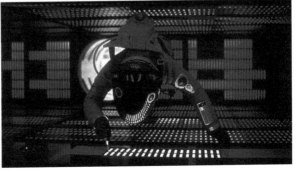

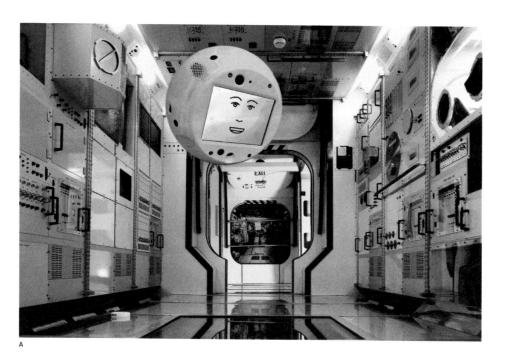

A

另一种常见的担忧如同寓言中向精灵提出三个愿望的故事：人类会在无意之中让人工智能去达成一个将导致我们自身毁灭的目标。不过，多明戈斯和认知心理学家斯蒂芬·平克（Steven Pinker，1954— ）指出，这个论点是荒谬的，它依赖于一个有问题的前提：在未事先验证人工智能是否会按照预设目标运作的情况下，人类会自愿将动机编写进人工智能，从而赋予其控制权。虽然对于通用人工智能来说，我们可能需要指数级增加的时间去解决这些困难的问题——或者这些问题根本是无法解决的，但是，在算法被部署到相关应用上之前，我们总是可以事先有效地检查这些解决方案。

A 由空中客车公司（Airbus）开发的 CIMON（宇航员交互移动伴侣，Crew Interactive MObile CompanioN）宇航员辅助系统是一个可移动的自主助手，开发的目的是为国际空间站（ISS）上的宇航员提供帮助。它被设计成一个自由飞行的"大脑"，可以在日常任务中使用面部表情与宇航员互动。

B 2018 年 7 月，空间 X（SpaceX）将 CIMON 交付给了国际空间站。这项实验希望能够了解在这种孤立、高压的环境中有人工智能作伴的好处和缺点。宇航员亚历山大·格尔斯特（Alexander Gerst）将与 CIMON 合作完成三项任务：执行一个医疗程序、进行晶体实验以及解开一个魔方。

除非人类有意识地将"需求"或者"意志"编写到人工智能程序中，即便是超智能人工智能系统都将只能乖乖地为我们工作。或者

B

在一种更积极的意义上说：
它们将和我们一起工作。

在 2017 年一份关于人工智能对未来就业市场影响的报告中，麦肯锡公司预测，全球整体生产力会出现爆发性增长，但其前提是，人类需要在这个全新的人机密切合作的时代与机器一同工作。如今，包括 IBM 和微软在内的一些公司正在寻找方法，让人类和人工智能能够高效且和谐地进行合作。微软认为，人工智能公司应该努力去填补人类智能的空白，而不是去复制人类的智能。比如，当一个通用人工智能扮演个人助理的角色时，它可以帮助我们同自己忘性大和容易分心的倾向做斗争。人工智能不会接管我们的角色，相反，它可以让我们的头脑卸下那些琐碎的任务，就像我们现在会将记忆和记录想法的任务外包给智能手机一样。我们应该争取一个"人工智能 + 人类"（而非"人工智能取代人类"）的未来，在其中，工作人员和技术将实现更为高效的互补。

从加州大学伯克利分校的机器人学学者肯·戈德伯格 (Ken Goldberg)
所说的"多样性"中，我们可以预见一个人与机器之间密切合作的未来。
我们其实已经生活在其中了。每当你要求谷歌地图引导你前往目的地时，
你就是在与算法协作。借助智能软件，税务会计师的工作得到了极大的简
化，在 2016 年改进版的谷歌翻译推出后，翻译工作者的工作效率一路飙
升。亚马逊配送中心每天都在进行着人机合作，100000 个机器人自动
地将产品递到人类包装工人的手中。在这个地方，往来穿梭于仓库中的机
器人们那种不知疲倦的特性同人类手工的巧妙灵活形成了良好的互补。

即使是像写作这样的创造性工作，现在也交给人工智能系统进
行第一遍修订。法律文件生成器罗斯（ROSS）可以为律师撰
写简洁的备忘录，方便文书的进一步完善。该系统能节省大约
四天的沉闷工作，它会将数千页判例法整合到一起，让人类律
师能够放开手脚，为每个案件做出更深刻的论证、添加更打动
人心的修辞。最近，谷歌的"数字新闻计划"资助开发了一个
名为 RADAR 的自动新闻编写系统，该系统能从公共数据库中
提取信息、寻找新闻故事。这种机器人并不会取代深度报道，
但它能成批产出本地新闻，以填补人力的不足之处。

**数字新闻计划 (Digital News
Initiative)** 谷歌为打击不实信息、
加强新闻行业所做出的一次尝试。
该项目启动于 2018 年，其具体的
目标是开发新的工具来帮助记者
完成他们的工作。

A 在日本，一台人形机器人与人类
一起在一条生产自动找零机的装
配线上工作。日本正在大力投资
机器人和其他自动化技术，以解
决劳动力短缺的问题，并刺激其
停滞不前的经济。

B 利用文字镜头（Word Lens）为
谷歌翻译系统添加的插件，用户
只需将智能手机的摄像头对准图
像就能在屏幕上获得文本的即时
翻译。2016 年，神经机器翻译
的引入使谷歌的翻译错误减少了
87%。这是深度学习商业化的早
期成功案例。

A

B

这些例子说明，自动化真正给我们带来的，并非失去、而是获得：我们生活在一个人工智能加持生产力的时代，随着智能机器变得越来越聪明，我们与他们的互动也将越来越精妙，而这些互动方式或许是我们现在无法想象的。为了跟上技术的快速进步，关键是要弄清楚，一项工作的哪些部分是机器可以代劳的，哪些地方又是能够由人类工作者创造价值的。

随着自动化的发展，人工智能将接管更多工作，人们的担忧是，人与机器地位的转换可能会在我们毫无防备的情况下突然发生。然而，我们其实已经走在将人类工作让渡给人工智能的道路上了，而我们迫切地需要思考——抑或需要解决的问题是：在一个处处受到人工智能协助的世界中，我们接下去的路应该怎么走？

结语
Conclusion

多年来，人工智能一直承受着空头支票和炒作的诅咒。但这已经是过去时了。

人工智能系统终于走进了我们的家庭、我们的生活，它们将留在这里。过去十年的深度学习革命让人工智能以前所未有的速度得到了社会的接受。凭借先进的人工神经网络技术，社会见证了计算机视觉和自然语言处理方面的显著进展，让我们能接触到像脸书的自动脸部标签和语音激活助手这样的技术。目前，后台运行的数字私人推荐是在普通消费领域中最为成熟的深度学习应用。实际上，很多人一直都在使用谷歌的搜索引擎以及网飞、亚马逊的推荐服务，却没有意识到它们是由人工智能提供支持的。

因此，即使人工智能已经进入到了公共领域，但它在社会中的普及或许尚没有完全渗透到公众意识中。这或许部分缘于人工智能的叙事被偏见所劫持。长期嵌入在主流意识中的经典科幻形象——"杀人机器人"，蓄意地刻画了人工智能作为人类存在威胁的破坏性形象。在人工智能技术对人类社会的最终影响尚不明朗的情况下，这种对人工智能威胁的片面强调扼杀了关于人工智能未来的建设性讨论。事实上，这在两种层面上是危险的。

首先，社会正处在一个至关重要的十字路口：为了让人类的受益最大化，并促进自由、平等、透明和财富的分享，

A

حملـة منــع
الروبوتات القاتلة

我们需要决定如何有效运用基于人工智能的各种技术。过分强调人工智能对人类生存的威胁，会把人们的注意力从那些更紧迫的问题（如减轻人工智能的偏见）上分散出去。其次，对人工智能可以做什么和不能做什么的误解，可能会助长那些反对能造福社会技术的声音、扼杀技术创新。

A "叫停杀人机器人" 运动 (The Campaign to Stop Killer Robots) 是一个全球性的非政府组织联盟，出于对安全、法律、技术、伦理和道德问题的担忧，该运动希望能未雨绸缪，颁布对完全自动运行的武器的禁令，将威胁扼杀在摇篮中。完全自主的武器缺乏人类的判断力和理解任务背景的能力。一旦被开发出来，这些机器人武器就能在没有任何人为介入的情况下选择并射击目标。"杀人机器人"的开发在平民的保护，对国际人权和人道主义法、战争法的遵守，以及对武力使用的问责等方面，都构成了根本性挑战。

我们并没有意识到人工智能所拥有的推动人类彻底变革的巨大潜力，而是悲剧性地给它的未来戴上了一副枷锁，这反过来也给我们自己的未来戴上了枷锁。

衡量人工智能是否成功的标准是它创造的价值。随着自动驾驶汽车和其他具体的人工智能应用进入社会，公众会越来越普遍地意识到人工智能在我们日常生活中扮演着的日益重要的角色。未来十年将是塑造公众感知和看待人工智能作用的方式的关键时期。

人们是否可以安心地、毫无抗拒地在交通、医疗护理和其他领域采用各种人工智能应用程序，或许就决定了这些应用能否获得成功。在这里，信任至关重要。现在，人工智能系统因为它们的失败，正受到严厉的（并且或许是不公平的）批判。例如，自动驾驶汽车导致的事故比人类驾驶员的事故更容易引起媒体关注，尽管根据统计的平均结果，前者其实更为安全。因此，为了建立信任，我们必需找到良策来提高我们解释人工智能大脑的能力。此外，公众对人工智能技术的参与也可以进一步增强消费者的掌控感。

A

B

例如，开车通勤的人可以分享他们开了自驾模式的汽车的数据，或在论坛上参与讨论，提供关于自己的使用感受和担忧的宝贵反馈。

为了建立信任，我们也必须小心谨慎地避免在技术中出现对特定社会群体的歧视。

随着人工智能在法律、金融和医疗领域渗透愈深，围绕着使用和责任的各种问题都必须得到讨论、甚至加以规范。正如前几章所述的那样，当人们将机器学习"基于先前模式预测未来结果"的能力用于预测一个人的信用风险或是再次犯罪的概率时，就会引发棘手的问题。人工智能的接下去的最大挑战，可能正是要去确保，在种族、性别、性取向和社会经济地位等方面的歧视因素不会被用作其决策的信息源。政府也许需要介入到这些问题之中，避免将全部责任推给企业。颁布政策，促进人工智能在整个社会中公平和广泛的分布，是减少这些风险的一个好办法。随着人工智能应用程序在社会中的广泛传播，企业将被迫改变他们的算法，以迎合越来越多的人的要求。

A　凌云是一款未来派的两轮"智能"电动车，正在北京接受测试。这款流线型汽车使用陀螺仪进行平衡，它的使用或许有助于缓解交通堵塞。

B　在 2018 年，特斯拉 S 型汽车在自动驾驶模式下发生的车祸重新引发了关于自动驾驶汽车安全性的讨论。但其实"自动驾驶员"并非完全自主，它要求人类将双手放在方向盘上。

C　蒙特利尔大学的一项研究发现，人类的眉毛和嘴部区域的色彩阴影和光亮已经足够人工智能对相片中人物的性别进行快速识别。

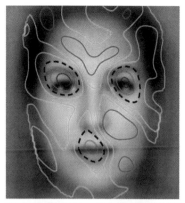

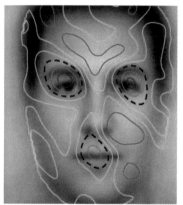

C

A

人工智能改变世界的潜力如此之大，制定新的法律和规范大概是必不可少的——尽管鉴于人工智能的特征，它是很难去定义、因此也是很难去规范的。当互联网在 30 年前横空出世的时候，没有人预测到它会带来的一些负面的个人和社会效应，如隐私的侵犯、社交媒体成瘾和假新闻的泛滥。同样，今天的我们如何才能预测人工智能带来的所有潜在的机会和威胁呢？

我们现有的政治机构是否有足够的知识和权威来监管开发人工智能的科技巨头？除非人工智能开发人员与监管机构分享他们的研究，否则这些机构将如何对新技术给社会带来的任何可能威胁进行评估？颁布法令或政策，以鼓励人工智能公司将消费者保护视为他们的责任，可能是对该领域进行规范的最佳方式。在隐私、安全和公平方面，我们需要政策的约束，让人工智能的使用符合伦理。为了鼓励公司开发新的人工智能应用程序，我们可能也需要修改知识产权法。我们还需制定政策，以进一步营造透明的环境，促进各领域之间的技术转让，并鼓励人工智能公司与公众和立法者接触。随着人工智能不断进化并融入到社会中，许多法律法规都将不得不被重新评估。为了使得全人类受益，人工智能可能最终会要求我们对社会的价值观和政治经济制度做出巨大的变革。

在接下来的二十年中，我们必将看到交通、医药、教育、就业、娱乐以及公共安全保障方面的巨大变化。随着人工智能算法克服其局限性，并朝着一般的、通用人工智能不断迈进，它们将对社会带来翻天覆地的影响。

A　无人深空（No Man's Sky）是一款探索外太空的大型多人游戏。它拥有一个完全由算法生成的宇宙，其中有超过 18 万亿个独特的恒星和行星，每个恒星和行星都可以被探索。

B　这幅图表现了在 2016 年美国大选中机器人是以怎样的方式转发选举标语话题标签的。图中的点代表推特账户，线条则表示转发。红色标识可能是机器人的账户；蓝色标识那些可能是人类的账户。

人工智能会取代我们吗？答案部分取决于我们如何使用该技术。

如果我们以害怕、怀疑和恐惧的眼光看待人工智能，那么我们可能会无意中将这项研究推向地下，使得那些为确保人工智能系统安全性和可靠性而开展的重要工作无法进行。

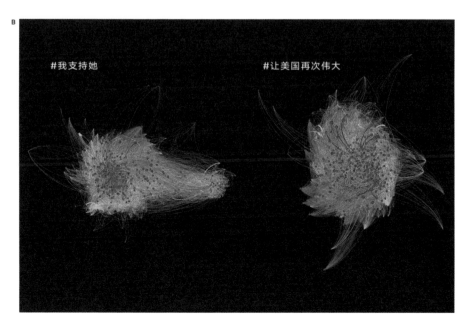

#我支持她　　#让美国再次伟大

A

如果我们对人工智能放任自流，使它不受伦理或宽容原则的约束，那我们可能会将社会引向一个日益偏执和不公平的世界。如果我们将人工智能系统视为我们工作的取代者，而不是去思考如何让人工智能为我们的工作和生活造福，我们可能会面临一场存在危机。

但是，如果我们保持开放的心态，并让人工智能系统在科学家、政策制定者、社会科学家和用户的监督下发展，我们会迎接一个截然不同的未来。关于道德、伦理和隐私的公开讨论，将有助于防止技术的滥用。对于"人工智能所产生的财富应该如何公平划分？"以及"充实生活的意义是什么？"等问题展开的哲学讨论，将让我们安心地进入一个多数工作由人工智能系统代劳的世界。

B

A/B 谷歌地球在 2017 年的主要更新引进了三维地图和路线导航功能，让用户能够足不出户地观赏瓦伦西亚水族馆（图 A）和威尼斯（B）的外景。

意识到超智能人工智能可能带来的潜在威胁——无论这种观点看起来多么牵强——并保持谨慎，确实能警示研究人员，让他们仔细检查人工智能的安全性，防止此类危险的发生。

人工智能的未来与人类的未来息息相关。虽然目前还不清楚这个未来是乌托邦还是一场灾难，但是，作为有道德、有能动性和有坚定意志的共同体，我们人类的使命就是将人工智能引向一个更加光明的结局。

通过开放、智性的交流，人工智能将不会取代我们。相反，它会给人类带来深刻的变革，让生活变得更加美好。

延伸阅读
Further Reading

Agrawal, Ajay, Gans, Joshua and Goldfarb, Avi, *Prediction Machines: The Simple Economics of Artificial Intelligence* (Massachusetts: Harvard Business Review Press, 2018)

Barrat, James, *Our Final Invention: Artificial Intelligence and the End of the Human Era* (New York: Thomas Dunne, 2013)

Bostrom, Nick, *Superintelligence: Paths, Dangers, Strategies* (Oxford: OUP, 2014)

Brynjolfsson, Erik and McAfee, Andrew, *The Second Machine Age: Work, Progress, and Prosperity in a Time of Brilliant Technologies* (New York: WW Norton & Company, 2014)

Carter, Rita, *Mapping the Mind* (California: UC Press, 2010)

Christian, Brian, *The Most Human Human: What Artificial Intelligence Teaches Us About Being Alive* (New York: Anchor, 2012)

Christian, Brian and Griffiths, Tom, *Algorithms to Live By: The Computer Science of Human Decisions* (London: HarperCollins, 2017)

Dayan, Peter and Abbott, Laurence F., *Theoretical Neuroscience: Computational and Mathematical Modeling of Neural Systems* (Massachusetts: MIT Press, 2005)

Domingos, Pedro, *The Master Algorithm: How the Quest for the Ultimate Learning Machine Will Remake Our World* (New York: Basic Books, 2015)

Dyson, George, *Turing's Cathedral: The Origins of the Digital Universe* (New York: Pantheon, 2012)

Ford, Martin, *Rise of Robots: Technology and the Threat of a Jobless Future* (New York: Basic Books, 2015)

Gazzaniga, Michael, *The Consciousness Instinct: Unraveling the Mystery of How the Brain Makes the Mind* (New York: Farrar, Straus and Giroux, 2018)

Gleick, James, *The Information: A History, a Theory, a Flood* (New York: Vintage, 2011)

Goodfellow, Ian, Bengio, Yoshua and Courville, Aaron, *Deep Learning* (Massachusetts: MIT Press, 2016)

Hawkins, Jeff and Blakeslee, Sandra, *On Intelligence: How a New Understanding of the Brain Will Lead to the Creation of Truly Intelligent Machines* (London: St. Martin's Press, 2005)

Hofstadter, Douglas, *Gödel, Escher, Bach: An Eternal Golden Braid* (New York: Basic Books, 1979)

Jasanoff, Sheila, *The Ethics of Invention* (New York: WW Norton & Company, 2016)

Juma, Calestous, *Innovation and Its Enemies: Why People Resist New Technologies* (Oxford: OUP, 2016)

Kahneman, Daniel, *Thinking, Fast and Slow* (New York: Farrar, Straus and Giroux, 2011)

Kaku, Michio, *The Future of the Mind: The Scientific Quest to Understand, Enhance, and Empower the Mind* (New York: Doubleday, 2014)

Kurzweil, Ray, *How to Create a Mind: The Secret of Human Thought Revealed* (New York: Viking Penguin, 2012)

Lee Kai-Fu, *AI Superpowers: China, Silicon Valley and the New World Order* (Massachusetts: Houghton Mifflin, 2018)

Levy, Steven, *In the Plex: How Google Thinks, Works, and Shapes Our Lives* (New York: Simon & Schuster, 2011)

Markoff, John, *Machines of Loving Grace: The Quest for Common Ground Between Humans and Robots* (New York: Ecco, 2015)

Markoff, John, *What the Dormouse Said: How the Sixties Counterculture Shaped the Personal Computer Industry* (New York: Penguin Books, 2006)

Minsky, Marvin, *The Emotion Machine: Commonsense Thinking, Artificial Intelligence, and the Future of the Human Mind* (New York: Simon & Schuster, 2006)

Nicolelis, Miguel, *Beyond Boundaries: The New Neuroscience of Connecting Brains with Machines—and How It Will Change Our Lives* (London: St Martin's Press, 2012)

Norvig, Peter and Russell, Stuart J., *Artificial Intelligence: A Modern Approach* (New Jersey: Prentice Hall, 1994)

O'Neil, Cathy, *Weapons of Math Destruction: How Big Data Increases Inequality and Threatens Democracy* (New York: Crown, 2016)

Penrose, Roger, *The Emperor's New Mind: Concerning Computers, Minds and The Laws of Physics* (Oxford: OUP, 1989)

Pinker, Steven, *How the Mind Works* (New York: WW Norton & Company, 1997)

Rao, Rajesh P.N., *Brain-Computer Interfacing: An Introduction* (Cambridge: CUP, 2013)

Rid, Thomas, *Rise of the Machines: A Cybernetic History* (New York: WW Norton & Company, 2016)

Ross, Alec, *The Industries of the Future* (New York: Simon & Schuster, 2017)

Schmidt, Eric and Rosenberg, Jonathan, *How Google Works* (New York: Grand Central Publishing, 2014)

Segaran, Toby, *Programming Collective Intelligence* (California: O'Reilly Media, 2007)

Sejnowski, Terrence J., *The Deep Learning Revolution* (Cambridge: MIT Press, 2018)

Seung, Sebastian, *Connectome: How the Brain's Wiring Makes Us Who We Are* (Massachusetts: Houghton Mifflin, 2012)

Silver, Nate, *The Signal and the Noise: Why So Many Predictions Fail—But Some Don't* (New York: Penguin Group, 2012)

Stephens-Davidowitz, Seth, *Everybody Lies: Big Data, New Data, and What the Internet Can Tell Us About Who We Really Are* (New York: Dey Street Books, 2017)

Tegmark, Max, *Life 3.0: Being Human in the Age of Artificial Intelligence* (New York: Knopf, 2017)

Zarkadakis, George, *In Our Own Image: Savior or Destroyer? The History and Future of Artificial Intelligence* (New York: Pegasus Books, 2016)

索引
Index

插图相关的条目以**粗体**标出

图书在版编目（CIP）数据

AI 会取代我们吗？ / （英）雪莉·范著；阿芦译
. -- 北京：中信出版社，2020.10
（The Big Idea：21 世纪读本）
书名原文：Will AI Replace Us？
ISBN 978-7-5217-2121-8

Ⅰ . ① A… Ⅱ . ①雪… ②阿… Ⅲ . ①人工智能 - 普及
读物 Ⅳ . ① TP18-49

中国版本图书馆 CIP 数据核字 (2020) 第 150550 号

WILL AI REPLACE US? © 2019
Thames & Hudson Ltd, London
First published in the United Kingdom in 2019
by Thames & Hudson Ltd, 181A High Holborn, London WC1V 7QX
General Editor: Matthew Taylor
Text © 2019 Shelly Fan
Simplified Chinese edition copyright: 2020 © Telos Books Ltd.
All rights reserved.

本书仅限中国大陆地区发行销售

AI 会取代我们吗？

著　　者：　[英]雪莉·范
编　　者：　[英]马修·泰勒
译　　者：　阿芦
出版发行：　中信出版集团股份有限公司
　　　　　　（北京市朝阳区惠新东街甲 4 号富盛大厦 2 座　邮编　100029）
承 印 者：　深圳当纳利印刷有限公司

开　　本：　155mm×230mm　1/16
印　　张：　9
字　　数：　82 千字
版　　次：　2020 年 10 月第 1 版
印　　次：　2020 年 10 月第 1 次印刷
京权图字：　01-2020-0669
书　　号：　ISBN 978-7-5217-2121-8
定　　价：　68.00 元